服务器虚拟化运维实践

主 编　蒋建锋　刘　源

副主编　刘　正　蒋建峰　马　强

苏 州 大 学 出 版 社

图书在版编目(CIP)数据

服务器虚拟化运维实践/蒋建锋,刘源主编. 一苏
州:苏州大学出版社,2021.9
ISBN 978-7-5672-3695-0

Ⅰ.①服… Ⅱ.①蒋… ②刘… Ⅲ.①服务器—管理
Ⅳ.①TP368.5

中国版本图书馆 CIP 数据核字(2021)第 176347 号

服务器虚拟化运维实践
FUWUQI XUNIHUA YUNWEI SHIJIAN

主　　编:蒋建锋　刘　源
责任编辑:肖　荣
装帧设计:吴　钰

出版发行:苏州大学出版社(Soochow University Press)
社　　址:苏州市十梓街 1 号　邮编:215006
印　　刷:江苏凤凰数码印务有限公司
邮购热线:0512-67480030
销售热线:0512-67481020

开　　本:787 mm×1 092 mm　1/16　印张:11　字数:235 千
版　　次:2021 年 9 月第 1 版
印　　次:2021 年 9 月第 1 次印刷
书　　号:ISBN 978-7-5672-3695-0
定　　价:36.00 元

若有印装错误,本社负责调换
苏州大学出版社营销部　电话:0512-67481020
苏州大学出版社网址　http://www.sudapress.com
苏州大学出版社邮箱　sdcbs@suda.edu.cn

前 言 ● Preface

随着经济和科技的飞速发展,各种新型的信息技术在企业中得到了广泛应用。其中云计算技术是我国政府重点支持的新兴产业之一。在构建与云计算技术相关岗位技能所对应的课程体系时,经过长期调研,企业私有云的运维技能是被企业实践证明的最核心的专业技能之一。

本书由苏州工业园区服务外包职业学院与合作企业南京嘉环科技股份有限公司联合编写。全书结合思杰公司当前最新版本的软件,精选南京嘉环科技有限公司企业级云平台真实工程案例,并按教学要求对工程案例进行改造,从而使内容理实一体,既有难度适中的理论,又有丰富的实践环节,特别注重培养学生在云计算领域的运维技能。本书填补了高职私有云平台技术教学领域的空白,有助于提升学生工程实践能力,推动课堂教学更好地与行业主流技术标准对接、与企业岗位对接,从而真正实现工学结合。

本书配套的数字资源可登录苏大教育平台(http://www.sudajy.com)免费下载。

由于编者水平和经验有限,书中不妥及疏漏之处在所难免,恳请读者批评指正。读者可通过电子邮件联系作者,作者邮箱:jianfeng_j@163.com。

C目 录
ONTENTS

单元**1**

服务器虚拟化技术的概念

 学习目标

【知识目标】

- 了解云计算的基本概念。
- 了解虚拟化和虚拟化技术的概念。
- 理解 Citrix XenServer 的虚拟化技术。
- 理解虚拟化技术在企业工作环境中的应用方式。

【技能目标】

- 能够区分云计算与虚拟化的差别。
- 能够使用桌面虚拟化软件安装虚拟机。
- 能够使用绘图工具虚拟化工作环境的概要设计。

 引例描述

　　计算机类专业的学生小明已经学习计算机网络、程序设计等相关课程有一个学期了。经过这段时间的学习，他对计算机网络、服务器等有了初步的认识。与此同时，小明产生了一个疑问——这些认识与老师及同学们经常谈起的"云计算"有什么关系呢？说起云计算，还有一个很耳熟的名词叫"虚拟化"。小明利用课外时间，主动去请教了云计算专业的蒋老师。

　　蒋老师获知了小明的问题后，非常欣赏他主动接触新技术和新行业的态度，并给他作了如下的解答。

　　第一，云计算是一种新的技术，也是企业的一种商业模式。我们目前先学习技术，而计算机网络技术、服务器管理技术是云计算的基础，基础打不好，后面的课程学起来就比较困难。

第二，虚拟化技术的出现早于云计算技术，云计算技术大量使用虚拟化技术。关于虚拟化技术，可以先上网自行查找资料。

第三，拥有桌面虚拟化软件 VMware Workstation，就像具备了一台专用服务器一样，可以进行大量的实际操作，是学习云计算技术的最佳手段。

蒋老师给小明同学推荐了相关网站和书籍，鼓励小明自己去寻找答案。听了蒋老师的指导后，小明从老师那里获得了 VMware Workstation 的试用版，开始了自己的学习之旅。

任务 1　了解虚拟化技术与云计算技术

任务陈述

虚拟化是一个广义的术语，在计算机方面是指计算元件在虚拟的基础上而不是真实的基础上运行。

云计算（Cloud Computing）是在分布式计算、并行计算的基础上发展起来的，是一种新兴的商业计算模型。

本任务将详细讲述虚拟化在计算机技术领域的概念、云计算的概念和发展，引导学习者能够认识两者的差别，同时掌握云计算相关的基本术语和概念，为后续学习奠定基础。

知识准备

一、虚拟化技术

虚拟化是一个广义的术语，在计算机方面通常是指计算机元件在虚拟的基础上而不是在真实的基础上运行。虚拟化的概念在 20 世纪 60 年代首次出现，利用它可以对当时稀有而昂贵的大型机的硬件进行划分。

（一）虚拟化技术的概念

虚拟化本质上是一种软件技术，从原理上讲，它构建了一个中间层，中间层的上层是应用环境，下层是操作系统或硬件设备（虚拟化软件本身也可以直接运行在硬件之上）。从效果上看，虚拟化技术将一个或多个物理主机的物理资源抽象成逻辑资源，让物理主机中的 CPU、内存、磁盘、输入/输出设备（I/O）等硬件变成可以动态管理的"资源池"。利用虚拟化技术，可以在一台或多台物理主机上运行多个虚拟机（Virtual Machine），每个虚拟机都有独立的虚拟主机以对应虚拟的硬件资源。虚拟机本身并不需要关心这些虚拟的硬件资源属于哪一台物理主机的哪一部分硬件资源，这样可以极大地提高资源的利用率，简化系统管理，实现服务器整合。本书中后续提到的虚拟化的范围，一般是指服务器的虚拟化。虚拟化构架的示意图如图 1-1 所示。

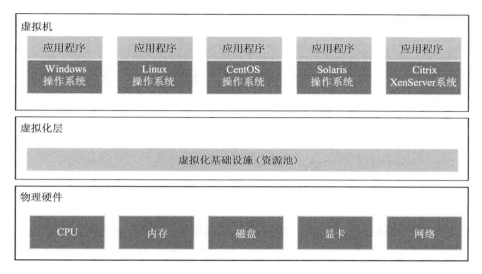

图 1-1 虚拟化构架的示意图

随着技术的发展，虚拟化技术已经发展成硬件虚拟化、寄居虚拟化、操作系统虚拟化等不同类型。

使用虚拟化技术，主要有以下优点。

1. 资源利用率高

传统物理主机只能安装一个操作系统，面向一个应用。采用虚拟化技术后，单个物理主机可以同时运行多个操作系统，满足多个不同的应用，提高了资源的利用率。

2. 可靠性高

传统物理主机在主机宕机时，上面的应用会受到影响，而采用虚拟化技术后，单个物理主机出现故障时，虚拟机主机可以动态迁移到其他物理主机上运行，这无疑极大地提高了可靠性。

3. 隔离性好

在同一台物理主机上运行的多个虚拟机，当其中一个出现故障时，其他虚拟机不受影响。这是由于虚拟机是独立运行的，能够对发生故障的虚拟机进行有效隔离。

4. 便携性强

单个虚拟机以文件的形式存放，既可以将虚拟机文件存放于共享存储环境中，也可以通过介质迁移到其他物理平台中。这增强了虚拟机的便携性，使虚拟机层面的备灾变得容易。

5. 硬件独立性强

虚拟机独立于硬件环境，当底层硬件发生改变时，只要虚拟化层能够支持，虚拟机就不会受到影响。

（二）主要的虚拟化解决方案

目前主流的虚拟化解决方案来自国外公司或开源软件，部分企业也会将原有的商业产品进行开源化（Open Source）（关于开源化，请大家利用身边的资源自行了解其概念和模式）。

1. 基于 VMware 的虚拟化方案

VMware 公司是一个"虚拟 PC"软件公司，提供服务器、桌面虚拟化的解决方案，目前 VMware 公司提供的产品和解决方案覆盖云计算、移动化、网络连接和安全性等多个方面，主要产品有：

（1）VMware vSphere，业界领先的服务器虚拟化产品。

（2）VMware View，桌面虚拟化产品。

（3）VMware Workstation，面向个人用户的一款功能强大的桌面虚拟计算机软件。

用户可以使用 VMware Workstation 在单一的桌面上同时运行不同的操作系统，在不同操作系统中进行开发、测试、部署新的应用程序。VMware Workstation 可在一部实体机器上模拟完整的网络环境以及可便于携带的虚拟机器，其更强的灵活性与先进的技术胜过了市面上其他的虚拟计算机软件。对于企业的 IT 开发人员和系统管理员而言，VMware Workstation 在虚拟网络、实时快照、拖曳共享文件夹等方面的特点使其成为必不可少的工具。

2. 基于 VirtualBox 的虚拟化技术

VirtualBox 是一款开源虚拟机软件。VirtualBox 是由德国 Innotek 公司开发，由 Sun Microsystems 公司出品的软件，使用 Qt 编写，在 Sun 公司被 Oracle（甲骨文）公司收购后正式更名为 Oracle VM VirtualBox。使用者可以在 VirtualBox 上安装并执行 Solaris、Windows、DOS、Linux、OS/2 Warp、BSD 等操作系统作为客户端操作系统。VirtualBox 现在由甲骨文公司进行开发，是甲骨文公司 xVM 虚拟化平台技术的一部分。VirtualBox 支持 CPU 虚拟化技术，如 Intel VT 技术或 AMD V 技术。

3. 基于 KVM 的虚拟化技术

KVM 是 Kernel-based Virtual Machine 的简称，是一种开源的系统虚拟化模块。KVM 是基于 Linux 内核实现的，自 Linux 2.6.20 之后集成在 Linux 的各个主要发行版本中。它使用 Linux 自身的调度器进行管理。KVM 目前已成为学术界的主流虚拟化技术之一。KVM 有一个内核模块叫 kvm.ko，只用于管理虚拟 CPU 和内存，而 I/O 的虚拟化，比如存储和网络设备，则是由 Linux 内核与 QEMU 来实现。

KVM 的虚拟化需要硬件支持（如 Intel VT 技术或 AMD V 技术），是基于硬件的完全虚拟化。

4. 基于 Xen 的虚拟化系统

Xen 是一个开放源代码虚拟机监视器，由剑桥大学开发，是一个基于 X86 构架、发展最快、性能最稳定、占用资源最少的开源虚拟化技术。Xen 可以在一套物理硬件上安全地执行多个虚拟机，与 Linux 是一个完美的开源组合。它特别适用于服务器的应用整合，可有效节省运营成本，提高设备利用率，最大化利用数据中心的 IT 基础构架。

Citrix 即美国思杰公司，是一家致力于云计算、虚拟化、虚拟桌面和远程接入技术领域的高科技企业。现在流行的 BYOD（Bring Your Own Device，自带设备办公）就是 Citrix 公司提出的。其基于 Xen 技术的产品主要是 Citrix XenServer、Citrix XenDesktop、Citrix Xen App。

二、云计算技术

关于云计算的定义有很多版本。一般来说，云计算是指 IT 基础设施（硬件、平台、软件）的交付和使用模式，即通过网络以按需、易扩展的方式获得所需的 IT 资源和服务。维基百科将云计算定义为：一种将规模可动态扩展的虚拟化资源，通过Internet 提供对外按需使用的计算模式，用户无须了解提供这种服务的底层设施，也无须去拥有和控制。具体来说，我们可以分如下三个涉及的角色来说明。

（1）云计算服务的提供者。

云计算服务的提供者是指通过网络提供用户需要的 IT 资源，是云计算平台的搭建者和维护者，这些资源包括运算服务（含图形处理等）、存储服务、网络服务、各种应用软件，统称为"云"，类似于发电厂。

（2）云计算服务的提供管道或途径。

云计算服务的提供管道或途径是网络，可以是 Internet（公有云），也可以是企业内部网络（私有云），类似于传输电力的电网。

（3）云计算服务的使用者。

云计算服务的使用者是用户（个人用户或企业用户）。用户不需要自己创建"云"，而仅仅是按需使用，类似于使用电力的家庭用户。使用云计算服务，用户需要提供接入和使用服务的终端，可以是 PC 或移动终端。但是，与传统的计算机使用相比，最大的差别是，用户终端可以降低到最小成本。

（一）云计算技术构架模型

一般而言，云计算技术构架可以用三层模型（SPI 模型）来表述，如图 1-2 所示。

1. 应用软件层

应用软件层是云计算平台的最上层，也称软件即服务（Software as a Service，SaaS）。简单地说，就是一种通过互联网提供软件服务的软件应用模式。在这种模式下，用户不需要再大量投资于硬件、软件和开发团队的建设，只需要支付一定的租赁费用，就可以通过互联网享受到相应的软件应用的服务，而且整个系统的维护也由厂商负责。

2. 平台层

平台层是云计算的中间层，也称平台即服务（Platform as a Service，PaaS）。如果从传统计算机构架中"硬件+操作系统/开发工具+应用软件"的观点来看，那么云计算的平台层应该提供类似操作系统和开发工具的功能。实际上也的确如此，PaaS 定位为通过互联网为用户提供一整套开发、运行和运营应用软件的支撑平台。

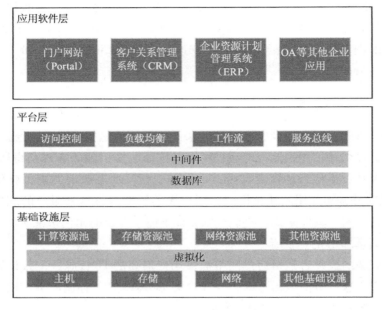

图 1-2 云计算 SPI 模型示意图

3. 基础设施层

基础设施层是云计算的底层，也称基础设施即服务（Infrastructrue as a Service, IaaS）。IaaS 主要包括计算机服务器、通信设备、存储设备等，能够按需向用户提供的计算能力、存储能力或网络能力等 IT 基础设施类服务，也就是能在基础设施层面提供的服务。IaaS 能够得到成熟应用的关键在于虚拟化技术，通过虚拟化技术可以将形形色色的计算设备统一虚拟化为虚拟资源池中的计算资源，将存储设备统一虚拟化为虚拟资源池中的存储资源，将网络设备统一虚拟化为虚拟资源池中的网络资源。客户可以直接订购这些资源，以用于应用程序，或者提供给云计算的上一层，以统一的方式给应用层的客户提供服务。

（二）云计算技术的优势

云计算技术的出现，是技术与商业模式的双重创新，消费者和企业从购买软硬件产品向购买信息服务转变。云计算把计算和数据做成了集约型的产品，降低了整个社会的运维成本。云计算技术主要的优势有下面几点。

1. 大大降低企业运营（运维）成本

云计算技术可以让所有资源得到充分利用，包括价格昂贵的服务器及各种网络设备，工作人员的共享使成本降低，特别是小到中等规模的应用。对于用户来讲，省去了客户终端的大量软硬件维护和安全运维工作。同时，使用云计算技术改造的企业网络，可以减少 80% 左右的管理人员。

2. 提供安全可靠的数据存储中心

个人计算机可能会因为用户使用不当而损坏，或者被病毒、蠕虫攻击，从而导致硬盘上数据无法恢复。而在云计算技术中，数据由先进的数据中心来保存，有严格的权限管理策略来保证数据的安全共享，大大提高系统的可靠性和可用性。

3. 降低用户端的成本，使用方便

用户仅用满足云计算终端使用条件的硬件就可以使用云计算提供的软硬件服务，避免了客户端设备的软硬件升级、维护、安全管理等问题。同时，任何能够接入网络的 PC、移动平板、智能手机等终端都能使用云计算技术提供的服务。

当然，云计算技术在隐私、管理、建设成本等问题上仍有一些不足之处。但是随着时间的推移，这些问题将会一一被解决。

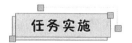

为了加深对云计算概念的理解，我们通过云计算系统和电力系统的对比（图 1-3）来进行分析。本任务要求大家能够绘制出云计算系统从云端到客户端的组成部分，并分析为何云计算的客户端可以大幅降低成本。

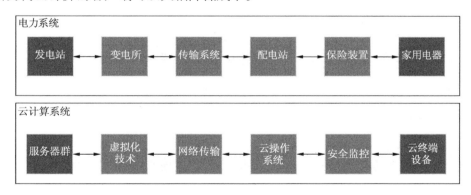

图 1-3　云计算系统与电力系统的对比

一、云计算系统与电力系统的对比

我们所熟知的电力系统的主体结构有电源（水电站、火电厂、核电站等发电厂）、变电所（升压变电所、负荷中心变电所等）、输电与配电线路和负荷中心。各电源点还互相连接以实现不同地区之间的电能交换和调节，从而提高供电的安全性和经济性。输电线路与变电所构成的网络通常称为电力网络。电力系统的信息与控制系统由各种检测设备、通信设备、安全保护装置、自动控制装置及监控自动化、调度自动化系统组成。简化的电力系统由以下几个部分组成：发电站、变电所、传输系统、配电站、保险装置、家用电器。

对于云计算系统，云平台的服务器群提供了应用所需的计算能力、存储能力、图形处理能力等资源，相当于"发电站"；服务器硬件资源需要虚拟化后才能被使用，虚拟化技术相当于"变电所"；云计算提供的服务必须经过网络传输到客户，网络系统相当于电力的传输系统；在云计算服务到达客户前，需要由接收服务的软件系统进行管理，软件系统相当于"配电站"；与电力系统保险装置相似，云计算系统必须保障每个客户的数据与操作安全，需要配备安全监控系统；最后，使用云计算服务的终端设备，类似于电力系统的家用电器。所以，本质上，云计算是一种 IT 界的电力系统，用户无须建造功能齐全且强大的 IT 系统，只需要通过网络和终端设备，按需购买并付费使用 IT 服务。这种技术也是一种全新的 IT 商业模式，和传统的电力系统有异曲同工之妙。

二、绘制云计算系统的组成

了解了电力系统与云计算系统的相似点之后，我们可以通过图形绘制软件 Visio 来绘制对比示意图，并注明系统每个组成部分的主要功能。

一、云计算简史

（一）国际标准化组织（International Standards Organization，ISO）

1. 组成

ISO 由美国国家标准组织（American National Standards Institute，ANSI）及其他各国的国家标准组织的代表组成。

2. 主要贡献

开放系统互连参考模型，也就是七层网络通信模型的格式，通常称为"七层模型"。

（二）电气与电子工程师协会（Institute of Electrical and Electronic Engineers，IEEE）

1. 组成

IEEE 是世界上最大的专业组织之一，由 IEEE 802 各委员会组成。

2. 主要贡献

对于网络而言，IEEE 最主要的一项贡献就是对 IEEE 802 协议进行了定义。IEEE 802 协议主要用于局域网，其中比较著名的有：

（1）IEEE 802.3：CSMA/CD，以太网使用的协议。

（2）IEEE 802.5：Token Ring，令牌环网络使用的协议。

（三）美国国防部高级研究计划局（Advanced Research Projects Agency，ARPA）

1. 组成

ARPA 又称为 DARPA，其中的 D（Defense）是指国防部。

2. 主要贡献

ARPA 从 20 世纪 60 年代开始致力于研究不同类型计算机网络之间的互相连接问题，并成功地开发出著名的 TCP/IP 协议。TCP/IP 协议是 ARPAnet 网络结构的一部分，提供了连接不同厂家计算机的通信协议。事实上，TCP/IP 通信标准是由一组通信协议所组成的协议族，其中两个最主要的协议是网际协议 IP 和传输控制协议 TCP。

二、云计算发展现状

2021 年全球云计算市场规模预计将达到 3 000 亿美元，占全球整体 IT 投资的比例约为 8.6%。现阶段云计算渗透率较低的主要原因是全球 87.5% 的 IT 支出在大型企业。在云计算发展早期，凭借成本及技术优势，对价格较为敏感的中小客户是云计算的主要客户群体。

2020 年全球公有云 IaaS 市场市占率前五名分别为亚马逊 AWS、微软 Azure、阿里云、Google 以及华为，其中亚马逊市占率最高达 40%，处于绝对领先地位。中国公有云 IaaS 市场市占率前五名分别为阿里、腾讯、中国电信、华为、AWS 中国，阿里云以 37.0% 的市占率排名第一，是中国 IaaS 市场的领头羊。

2020 年中国云计算市场规模达到 1 776.4 亿人民币，较 2019 年增长 33.41%，预计 2021 年维持现有增速，达到 2 330.6 亿人民币。公有云规模在 2019 年超过了私有云。中国云计算市场未来将保持较高的增长速度，其主要的推动力是：受新基建等政策影响，IaaS 市场会持续升温；在企业数字化转型需求的拉动下，企业对数据库等 PaaS 服务的需求持续增长；疫情的出现和持续的影响，会加速 SaaS 服务的落地。

三、云计算相关岗位在高职中的定位

以 2021 年 2 月某知名招聘网站公布的苏州地区云计算相关岗位人才需求为例，云计算产业相关岗位大致可以分为三大类：开发和测试类、运维与技术支持类、销售咨询及客户经理类。这三大类人才的需求比例如图 1-4 所示。云计算相关岗位需要不同学历层次的人才，对人才的学历需求主要是大专及以上学历，其中适合大专学历的岗位总体占 56%，学历需求在各类岗位中的比例如图 1-5 所示。进一步分析得知，除了开发岗位或资深运维经理等职务要求以本科及以上学历为主外，高职学生可以从事云计算运维、技术支持、销售、咨询、客户经理等各种职业。

针对苏州地区云计算产业的发展，笔者从 2013 年起陆续进行了大量相关企业对人才需求的调研，结合企业发布的岗位对人才的具体需求，同时参考了其他高职院校在建设云计算专业中的经验，总结了上述三大类岗位对应的技术技能要求，如表 1-1 所示。

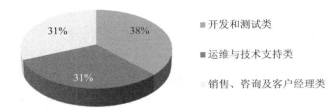

图 1-4 苏州地区云计算岗位需求类别比例

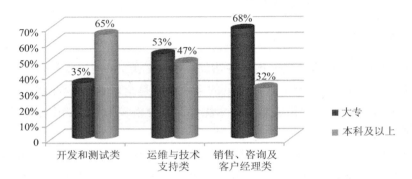

图 1-5 苏州地区云计算岗位需求学历比例

表 1-1 云计算相关岗位职业技能要求

岗位大类	职业技能
开发和测试类	• 掌握 Java EE、Android、Python、数据库技术 • 理解云平台技术
运维与技术支持类	掌握路由与交换技术、网络安全技术、虚拟化、云存储、云计算运维平台、服务器管理技术
销售、咨询及客户经理类	熟悉服务器技术、存储设备、服务器操作系统、虚拟化技术、云计算运维平台

四、主流的云计算厂商

云计算相关的产品根据其应用环境可分为很多类，子产品相对比较丰富。从提供云计算基础构架的厂商来讲，国外进入领导者象限的企业有亚马逊（Amazon）、谷歌（Google）、微软（Microsoft）、VMware、思杰（Citrix）、甲骨文（Oracle）、IBM 等。国内主流的云计算厂家有阿里巴巴（阿里云）、百度（百度云）、腾讯、华为、新华三等。

项目实训　绘制云计算系统组成

【实训任务】

通过云计算系统与电力系统的对比，了解云计算系统的组成及商业应用模式，掌握云计算技术与虚拟化技术的概念及两者之间的差别。

【实训目的】

- 理解云计算系统的构成。
- 理解云计算的商业应用模式。
- 初步掌握绘图软件 Visio 的使用。

【实训内容】

- 使用 Visio 软件绘制云计算系统组成框图。
- 注明云计算系统各组成部分的主要作用。
- 注明云计算系统与电力系统在商业应用模式上的相似点。

任务 2　了解 Citrix 及其服务器虚拟化产品

任务陈述

服务器虚拟化技术已经问世多年，目前主要有三家服务器虚拟化厂家，其名称和主力产品分别是：VMware 公司的 ESXi、思杰（Citrix）公司的 XenServer 和 Microsoft 公司的 Hyper-V。其中思杰公司是全球领先的虚拟计算解决方案提供商。

本任务将介绍思杰公司的概况及其主要的服务器虚拟化产品的特点，并讲述为何在企业中需要使用服务器虚拟化技术及其应用场景。

知识准备

一、Citrix XenServer 简介

2003 年英国剑桥大学发布了 Xen 虚拟机平台的首个版本，通过半虚拟化技术实现了对包括 x86-64 在内的多个平台的虚拟化支持。XenServer 是基于 Xen 开源设计的一款具有出色稳定性、高可用性和安全性的虚拟化平台，其性能与将应用安装在本地

相比，几乎完全相同，并且支持高密度虚拟机群。XenServer 是思杰公司推出的服务器完全虚拟化平台，包括创建和管理虚拟机所需的所有内容。XenServer 已同时针对 Windows 和 Linux 虚拟服务器进行了优化。

XenServer 直接运行在服务器硬件上而不需要底层操作系统，因而是一种高效且可扩展的虚拟化操作系统。XenServer 的工作方式是从物理机中提取元素（如磁盘驱动器、CPU、网络接口），然后将其分配给在物理机上运行的虚拟机。XenServer 的体系构架如图 1-6 所示，具体各个组件的功能介绍如表 1-2 所示。虚拟机（Virtual Machine，VM）也称客户操作系统（Guest OS），和物理机一样，能够运行自身的操作系统和应用程序。虚拟机的运行方式和物理机十分相似，并且包含所有必需的硬件（虚拟硬件），如 CPU、内存、硬盘、网络接口卡（NIC）。虚拟机中的操作系统并不关心硬件是否是虚拟的。

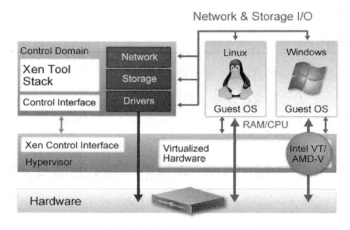

图 1-6 XenServer 的体系构架

表 1-2 XenServer 体系构架中组件的功能

组件名称	功 能	
Hardware（硬件）	物理硬件，包括物理服务器的硬件，如 CPU、内存、磁盘、光驱、网卡等	
Hypervisor（虚拟化层）	运行于硬件上的软件，将所有硬件资源虚拟化为虚拟硬件，支持多个虚拟机	
Virtualized Hardware（虚拟化硬件）	虚拟化之后的硬件资源，供虚拟机使用，虚拟机不直接控制物理硬件	
Control Domain（控制域）	控制域管理所有虚拟机的网络和输入输出设备，能够支持各种物理设备，并且提供管理员所需的管理接口	
Guest OS（客户操作系统）	虚拟机中运行的操作系统，可以是 Linux，也可以是 Windows 等其他操作系统，XenServer 支持多种客户操作系统，并且可以充分利用 Intel VT 和 AMD-V 的处理器虚拟化功能	

二、XenServer 新版本的特点

（一）Citrix XenServer 版本种类及新版本特点

目前 Citrix XenServer 的最新版本为 7.6（后续改名为 Citrix Hypervisor），提供了三种版本：

- Enterprise Edition（企业版）
- Standard Edition（标准版）
- Free Edition（免费版）

1. 企业版

企业版是 XenServer 的高级版本，针对桌面、服务器和云工作负载进行了优化。除了标准版的功能外，企业版还提供以下功能：

（1）自动执行 Windows 虚拟机驱动程序更新。

（2）自动执行 XenServer 更新。

（3）支持虚拟机格式转换。

（4）支持导出资源池清单。

（5）支持高效率组播。

（6）支持 SMB 存储链接。

（7）支持从内存中读取缓存。

（8）支持 PVS 加速器。

（9）支持 GPU 虚拟化。

（10）支持安全特性。

2. 标准版

标准版是入门级的商业版本，如果客户希望使用强大的 XenServer 高性能虚拟化平台，但不需要企业版提供的高级功能，同时仍然希望获得全面的 Citrix 技术支持和维护保障，那么该版本提供的一系列功能完全可以满足此类客户的需求。

Citrix XenServer 7.6 版本主要新增了如下功能：

（1）网络连接 SR-IOV（Single Root I/O Virtualization），现在可以使用单根 I/O 虚拟化（SR-IOV），该技术允许单个 PCI 设备在物理系统中显示为多个 PCI 设备。

（2）面向共享块存储设备的精简预配，向使用通过 iSCSI 软件启动程序或硬件 HBA 访问的块存储的客户提供精简预配功能。

（3）支持更多的客户操作系统，新增了对 Red Hat Enterprise Linux 7.5、CentOS 7.5、Oracle Linux 7.5、Scientific Linux 7.5、Ubuntu 18.04 等系统的支持。

（4）在升级或更新过程中自动应用修补程序。

（5）支持新处理器。

（6）本地化支持，版本中也包含本地化版本（简体中文和日语）。

（二）Citrix XenServer 的系统要求

安装和运行 Citrix XenServer 至少需要 2 台单独的 x86 物理计算机：一台作为主机，一般为物理服务器，专门用于运行和托管虚拟机，而不运行其他应用程序（安装 XenServer），最多支持同时管理 64 台物理服务器；另一台作为管理机，一般为办公用计算机，运行管理程序或命令行管理界面（CLI），此计算机可以是非专用的（安装 XenCenter、图形管理软件）。

对主机的要求如下：

（1）CPU，一个或多个 64 位 x86 CPU，最大主频为 1.5 GHz，建议使用 2 GHz 或更快的多核 CPU，最多支持 288 个逻辑处理器。

（2）RAM，最低为 2 GB，最大支持 5 TB。

（3）磁盘空间，最低为 46 GB 本地连接（按虚拟机数量的增加，本地或远程的磁盘空间必须相应增加）。

（4）网络，100 MB/s 或更快的网络接口卡（NIC），建议使用 1 GB/s 或更大速率的 NIC，如 10 GB/s，并配置多个 NIC 以实现冗余；最多支持 16 个 NIC。

当统一管理多个物理服务器时，须引入资源池的概念和技术，资源池要求物理服务器满足一些共同条件（我们将在后续的单元中学习）。

对管理机的硬件要求一般常规的 PC 均可以达到，但是要求操作系统是 Windows 7 SP1 及以上版本，并安装 .NET Framework 4.6 及以上版本。

三、服务器虚拟化在企业中的应用场景

常规的大中型企业，不论是制造型企业还是服务型企业，一般都建有自己的信息或数据中心，同时支撑企业业务应用和办公网络。企业信息中心一般由网络设备、服务器、个人办公计算机等组成，应用系统包括办公自动化系统（OA，含人事与财务等系统）、文件服务系统、门户网站、多个企业业务相关的应用系统（如 ERP、MES 或特定的行业系统）。在服务器虚拟化之前，企业网络的构架一般如图 1-7 所示。其中，企业办公及应用的服务器需要单独安装在不同的操作系统中，也可以是不同的硬件系统中。这种分开部署的模式存在以下几个问题：

（1）企业内部在工作的时候，不同的应用会出现使用的高峰和低谷，所以一些专用服务器就存在资源利用率不高、浪费资源的现象。

（2）企业应用需要升级、扩展、维修，就要购买不同类型的相关服务器和硬件基础设施，这就增加了企业 IT 运维的成本。

（3）单个服务器一旦发生硬件故障，服务器所承载的应用将暂时全部瘫痪，数据容易丢失，且不能保证恢复的时间，会造成严重的损失。

采用服务器虚拟化技术后，可以有效地解决传统服务器部署和运维所产生的问题，降低企业的运维成本，减少因故障导致的损失。下面我们将用服务器虚拟化技术重构企业的服务器群。

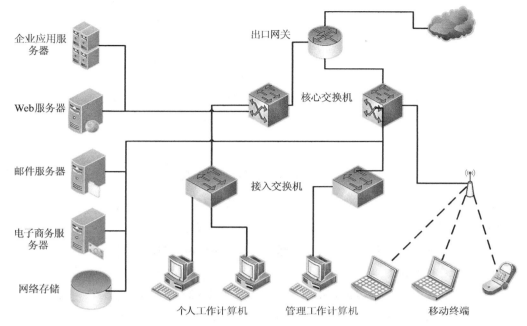

图 1-7　常规企业网络构架

任务实施

本任务通过服务器虚拟化技术，将传统服务器群的部署方式进行虚拟化后的变革，以常见的应用场景为例，设计企业所需的服务器部署方案。

一、分析企业应用需求

不同企业所属的行业不同，其企业网络的应用场景也有所不同。以典型的电子商务或校园网络为例，可以选择性地模拟分析企业的应用需求。以简化的电子商务类企业为例，企业应用一般包含办公自动化系统、邮件系统、电子商务系统、门户网站系统，以及对应的独立存储服务系统，同时还应满足企业对外互联互通的网络要求、网络与信息安全、容灾备份等需求。

为有效解决单独部署各个系统的弊端，现采用服务器虚拟化技术，除沿用满足x86 体系及性能要求的服务器外，其他所有服务器应采购型号一致的新服务器进行部署。

企业需求分析还包括软硬件成本需求、项目实施工期需求、项目实施人力需求、系统后期运维需求等分析，此处不再展开。

二、了解企业现有硬件和网络环境

对照图 1-7 的常规企业网络构架示意图，一般地，企业无须增加新的大规模应用软件，则原有网络可以保留；部分服务器硬件如能满足 XenServer 部署要求，可以沿用。按企业成本预算和性能要求，可以做如下升级：

（1）全部采用新购服务器，组建完整的新系统，所有应用运行在虚拟化服务器支持的虚拟机中。

（2）核心交换机配备必须为全千兆以上网络接口，互联接口为万兆网络接口（电接口或光纤接口），核心交换机直接连所有服务器（按成本预算，每个服务器可配置 2~4 个千兆网卡）。

三、掌握 XenServer 虚拟化的部署方式

在部署 XenServer 之前，需要知道企业的预算或计划中是否含有独立的存储（或存储网络）。不包含和包含独立存储的 2 种情况，部署略有不同。

（一）仅有一个或多个本地存储的 XenServer 主机的情况

1. 基础硬件要求

（1）一个或多个具有本地存储（硬盘）的 64 位 x86 服务器。

（2）一个或多个 Windows 系统（管理员办公计算机），与 XenServer 服务器位于同一个网络中。

2. 部署的主要步骤

（1）在服务器上安装 XenServer 主机软件。

（2）在系统上安装 XenCenter 软件（XenServer 管理用图形界面软件）。

（3）将 XenCenter 连接到 XenServer 主机。

（二）额外含有独立存储的 XenServer 主机池的情况

主机池由多个安装 XenServer 的主机组成，可以绑定在一起，成为单个的管理实体（池的配置和应用在后续单元中详细说明）。独立于服务器主机的存储能有效提高虚拟机部署的可靠性和安全性，这些独立的存储可以是磁盘设备或网络共享存储，如 NFS VHD 存储、软件 iSCSI 存储、硬件 HBA 存储。下面以使用 NFS 网络存储为例。

1. 服务器虚拟化主要的基础硬件要求

（1）两个或更多具有本地存储的 64 位 x86 服务器。

（2）一个或多个 Windows 系统，与 XenServer 主机位于同一网络中。

（3）一个通过 NFS 导出共享目录的服务器。

2. 部署的主要步骤

（1）在服务器上安装 XenServer 主机软件。

（2）在系统上安装 XenCenter。

（3）将 XenCenter 连接到 XenServer 主机。

（4）创建 XenServer 主机池。

（5）配置 NFS 服务器。

（6）在池级别的 NFS 共享上创建 SR（存储库）。

四、设计企业虚拟化应用方案

在了解了企业的应用需求、网络环境、硬件条件、预算和工期等要求之后，我们为该电子商务企业设计一个服务器虚拟化方案，以替换原有多个服务器分散管理的现状，如图 1-8 所示。

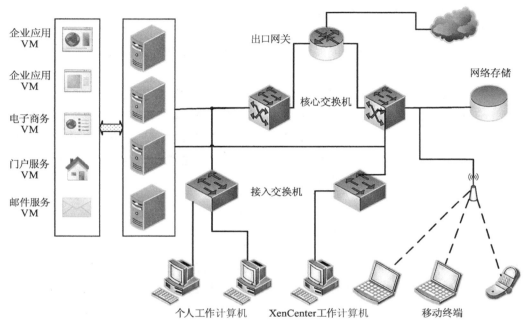

图 1-8　常规企业服务器虚拟化设计示意图

五、部署 XenServer 服务器与应用

根据企业应用的特点，对应用所需的特定虚拟机及应用本身，逐个创建虚拟机，将应用部署到虚拟机中，并配置其可靠性等性能。

这项任务需要掌握 XenServer 的大部分技术，这些技术将在后续任务中逐步学习。

一、思杰公司

思杰公司成立于 1989 年，旨在推动建立一个安全连接人员、组织和事物且易于访问的世界，提供全面的安全数字工作场所，以此帮助客户重新规划未来工作。该场所提供了统一的应用程序、数据和服务以提高人们的工作效率，并简化 IT 人员使用和管理复杂云环境的流程。Citrix 解决方案被 400 000 多家企业所采用，其中包括 99% 的世界财富 100 强企业和 98% 的世界财富 500 强企业。

思杰公司的主要产品分两大类：软件类（云计算、数据中心类系统）和网络硬件类。典型的软件产品有如下几种：

（1）Citrix XenDesktop：桌面虚拟化解决方案，可将桌面和应用转变为一种按需服务，向任何地点、使用任何设备的任何用户交付。使用 XenDesktop，不仅可以安全地向 PC、Mac、平板设备、智能电话、笔记本计算机和客户端交付单个 Windows、Web 和 SaaS 应用或整个虚拟桌面，还可以为用户提供高清体验。

（2）Citrix XenApp：应用虚拟化解决方案。按需应用交付解决方案，允许在数据中心对任何 Windows 应用进行虚拟化、集中保存和管理，然后随时随地通过任何设备按需交付给用户。

（3）Citrix AppDNA：应用测试、纠错和打包、实现应用的轻松迁移部署方案。

（4）Citrix XenServer（Citrix Hypervisor）：服务器虚拟化平台。基于强大的 Xen Hypervisor 程序之上。Xen 技术被广泛看作是业界部署最快速、最安全的虚拟化软件技术之一。XenServer 为高效地管理 Windows 和 Linux 虚拟服务器而设计，可实现经济高效的服务器整合和业务连续性。

二、开源软件和商业软件的概念

开放源码软件是指软件的源代码可以被公众使用的软件，并且此软件的使用、修改和分发也不受许可证的限制。开放源码软件通常是有版权的，它的许可证可能包含这样一些限制：蓄意地保护开放源码状态，著者身份的公告，或者开发的控制。"开放源码"正在被公众利益软件组织注册为认证标记，这也是创立正式的开放源码定义的一种手段。

开放源码软件主要由全世界的编程者队伍所开发，与此同时，一些大学、政府机构承包商、协会和商业公司也参与开发。源代码开放是创新 2.0 模式在软件行业的典型体现和生动注解，这种模式诞生自信息技术发展引发的网络革命，具有开放创新、共同创新和以人为本的特点。开放源码软件在历史上曾经与 UNIX、Internet 联系得非常紧密。在这些系统中许多不同的硬件需要支持，而且源码分发是实现交叉平台可移植性的唯一切实可行的办法。在 Windows、Macintosh 平台上开放源码软件较少。

开源软件与商业软件的区别主要有以下几个方面：

（1）免费与收费的不同。开源软件一般是可以免费使用的；而商业软件一般是要付费使用的，即便有免费版本，功能上也有很多限制。

（2）授权方式不同。开源软件一般是通过各种开源协议来授权使用的；而商业软件一般是在严格的商业协议下授权使用的。

（3）技术支持方式不同。开源软件没有承诺提供免费的技术支持，但可以通过各种社区和论坛来寻求帮助；商业软件一般附有一定年限的技术支持，超过年限，技术支持要么不提供，要么是要收费的。

（4）生命周期不同。开源软件一般有很长的生命周期，直到它被更好的技术和产品替代，才会慢慢消亡；商业软件的生命周期完全取决于商业公司，公司可以在任何时间宣布停止对商业软件的支持，并直接宣判商业软件的死刑。

（5）二次开发能力不同。开源软件由于提供了源代码，所以具备开发能力的个人或机构都可以进行二次开发；商业软件不提供源代码，基本上不能进行二次开发。

（6）所有权不同。开源软件的所有权一般属于某个开源团体；商业软件的所有权属于商业公司。

（7）更新方式不同。开源软件一般将新版本挂到网上让用户自己下载；商业公司一般会采用推介的方式半强制地让用户更新。

三、学会在线查询资料

学习新技术和新技能时，除了通过必要的教材学习、课堂学习、课内外实践外，课外利用一切可利用的资源进行自主学习也是一项极为锻炼个人能力的方法。在互联网与信息化时代，利用网络查找自己所需的资源是一项基本技能。基本的网络查找资料的方法是利用搜索引擎、技术论坛、企业门户网站等。搜索引擎是第一步，可以通过搜索引擎访问到行业知名的技术论坛和相关企业的门户网站，再进入相关网站查找具体的技术内容。

例如，为了查询当前 XenServer 支持的客户操作系统的种类，从百度搜索到 Citrix 的门户网站，进入当前 XenServer 的最新版本 7.6，再查找该版本支持的客户操作系统的种类。

项目实训 设计企业虚拟化应用方案

【实训任务】

通过分析企业应用部署的场景和具体需求，设计服务器虚拟化方案，掌握企业需求分析和虚拟化设计的方法。

【实训目的】

- 了解企业虚拟化部署的必要性。
- 了解企业需求分析和项目实施的基本过程。
- 理解企业虚拟化设计的要点。

【实训内容】

- 使用 Visio 软件绘制企业虚拟化部署的设计图。

● 主要完成内容应包含：

（1）常见企业应用的分析。

（2）常见企业网络的组成。

（3）服务器虚拟化的统一部署。

（4）管理端的部署。

任务3　安装桌面工具

知识准备

学习和掌握 XenServer 的相关技术需要理论结合实践，在实践中可以采用真实服务器进行操作。但是考虑到硬件服务器的成本，以及其本身不适合反复进行安装、删除、配置硬件属性、多次重启等，在正式部署服务器前的学习阶段，我们尽量使用服务器虚拟机来进行仿真。如果不考虑学习上对服务器性能的要求，我们完全可以使用桌面虚拟化软件 VMware Workstation 来实现服务器的虚拟机。今后，大量的实践操作可以在服务器虚拟机上执行。这对于学习者来说，完全是一种便捷、高效、可行的方式。

一、VMware Workstation 简介

VMware Workstation 是由美国 VMware 公司推出的一款功能强大的桌面虚拟计算机软件，用户可在单一的桌面上同时运行不同的操作系统（虚拟机），这是进行开发、测试、部署新的应用程序的最佳解决方案。VMware Workstation 可在一部物理主机上模拟完整的网络环境，以及用于安装可便于携带的虚拟机。对于企业的 IT 开发人员和系统管理员而言，VMware Workstation 在虚拟网络、实时快照、拖曳共享文件夹等方面具有很多优点，是必不可少的工具。

二、VMware Workstation 的安装准备

最新的 VMware Workstation 版本为 Workstation 15 Pro，且有中文版。一般在学习过程中，使用 VMware Workstation 10 或以上版本均可以支持 XenServer 虚拟服务器的安装。本书中涉及的 VMware Workstation 所使用的版本为 12。在个人 PC 上安装 VMware Workstation，并且在 VMware Workstation 中运行 XenServer 虚拟服务器，要求物理机的硬件和操作系统至少满足以下条件：

（1）主机系统必须具有核心速度至少为 1.3 GHz 的 64 位 x86 CPU。

（2）64 位客户机必须使用在长模式下具有段限制支持的 AMD CPU 或具有 VT-x

支持的 Intel CPU。

（3）主机必须具有 16 位或 32 位显示适配器。

（4）IDE、SATA 或 SCSI 硬盘，建议至少配置 200 GB 以上的硬盘。

（5）4 G 或 8 GB 以上内存，对于需要运行 XenServer 虚拟服务器的主机，建议主机至少配备 8 GB 内存。

本任务将引导读者完成 VMware Workstation 的安装，使读者具备一定的仿真服务器的能力，以便于在个人计算机上学习服务器虚拟化的技术。具体安装步骤如下：

（1）下载 VMware Workstation 12 安装包，双击运行安装包，按提示逐步进行。

（2）选择接受"最终用户许可协议"。

（3）选择"安装位置"（可以使用默认文件夹安装，也可以选择自定义安装，自行选择软件安装的目的文件夹）。

（4）在"用户体验设置"页面中，取消选中"启动产品检查更新""VMware Workstation"。

（5）在"快捷方式"页面中，可以选择在桌面和"开始"菜单的程序文件夹中建立快捷方式。

（6）单击"安装"按钮，完成 VMware Workstation 的安装。

任务拓展

VMware 虚拟机与真机还是存在一定的差异，下面仅提供少量的引导，请读者自行查找资料，完成此项任务。另外，VMware Workstation 安装完毕后，可以利用其安装一个或多个虚拟机系统，这就涉及虚拟机（客户机）与本机（宿主机）、虚拟机之间的网络通信。这与 VMware 系统的网络模型有关，大多数虚拟化系统具备类似的网络模型。

一、VMware 虚拟机与真机的差异

1. 虚拟机使用的是虚拟化的硬件

VMware 虚拟化技术将所有硬件进行了虚拟化，并提供了绝大多数操作系统支持的虚拟硬件的驱动程序，客户机的操作系统无须关心该驱动程序驱动的是真实的硬件还是虚拟化之后的硬件。一般来讲，访问虚拟化硬件会略微降低系统性能，但是因为虚拟机访问的是定制后的硬件资源，可以根据管理员定制的资源大小，合理使用硬件资源，大大减少硬件资源的浪费。

2. 虚拟机整体可以导入其他硬件环境

物理主机无法直接复制，但是虚拟机的磁盘、操作系统、应用程序等全部可以复制或导入其他硬件系统（可能需要略微修改虚拟机的配置参数），然后继续使用。

3. 部分独占的硬件资源需要切换使用

假设物理主机仅有 1 个 DVD 驱动器，而虚拟机需要使用此 DVD 驱动器，则需要和物理主机或其他虚拟机轮流切换使用。

二、VMware Workstation 的网络模型

VMware 提供了三种网络工作模式：Bridged（桥接模式）、NAT（网络地址转换模式）、Host-Only（仅主机模式）。创建任何虚拟机时，需要根据网络通信的具体要求，设定该虚拟机的虚拟网络模型。在 VMware Workstation 的虚拟网络编辑器中，可以查看到 NAT 和 Host-Only 模型所对应的虚拟网卡，如图 1-9 所示。

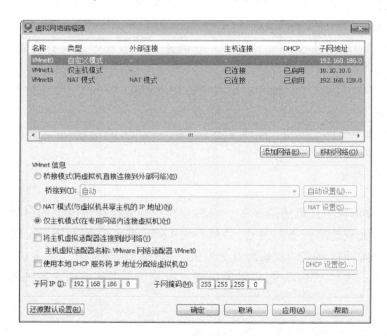

图 1-9　VMware Workstation 虚拟网络编辑器

1. Bridged 模式（桥接模式）

桥接模式就是将主机网卡与虚拟机虚拟的网卡利用虚拟网桥进行通信。在桥接的作用下，类似于把物理主机虚拟为一个交换机，所有桥接设置的虚拟机连接到这个交换机的接口上，物理主机也同样插在这个交换机中，所以所有桥接下的网卡与网卡都是交换模式的，相互可以访问而不干扰。在桥接模式下，虚拟机 IP 地址需要与主机在同一个网段，如果需要联网，则网关与 DNS 需要与主机网卡一致。桥接模式示意图如图 1-10 所示。

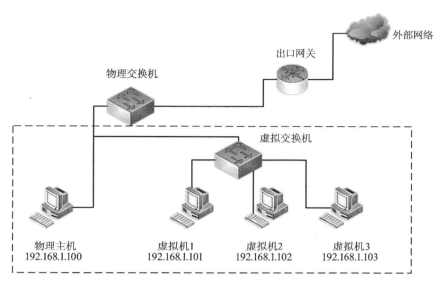

图 1-10　桥接模式示意图

2. NAT 模式（网络地址转换模式）

NAT 模式借助虚拟 NAT 设备和虚拟 DHCP 服务器，使得虚拟机通过地址转换连接到外部网络。主机网卡直接与虚拟 NAT 设备相连，然后虚拟 NAT 设备与虚拟 DHCP 服务器一起连接在虚拟网卡 VMnet8 上，这样就实现了虚拟机联网。NAT 模式示意图如图 1-11 所示。

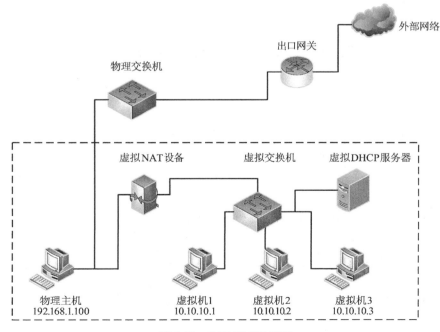

图 1-11　NAT 模式示意图

3. Host-Only 模式（仅主机模式）

Host-Only 模式其实是 NAT 模式去除了虚拟 NAT 设备后，使用虚拟网卡（VMware Network Adapter VMnet1）连接虚拟交换机来实现虚拟机之间的通信。Host-Only 模式将虚拟机与外网隔开，使得虚拟机成为一个独立的系统，虚拟机之间或虚拟机与主机之间相互通信，如图 1-12 所示。

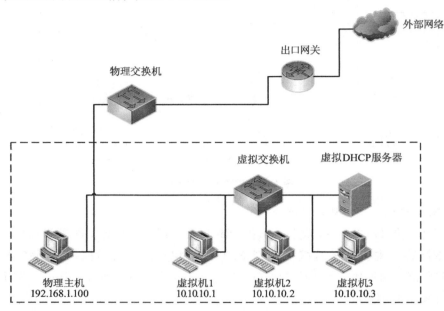

图 1-12　Host-Only 模式示意图

项目实训　安装 VMware Workstation

【实训任务】

完成 VMware Workstation 12 的安装，掌握 VMware Workstation 的软件安装步骤、参数配置，并且查看三种网络模型的详细情况，掌握三种网络模型的应用场景。

【实训目的】

- 掌握 VMware Workstation 的软件安装步骤。
- 理解三种网络模型的原理。
- 掌握三种网络模型的应用场景。

【实训内容】

- 在 PC 中安装 VMware Workstation 12。
- 查看 VMware Workstation 的网络编辑器。

● 查看 VMware Workstation 的网络模型，并指出其应用的场景。

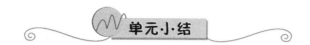

单元·小·结

　　服务器虚拟化技术是虚拟化技术之一，虚拟化技术是云计算领域常见的技术。本单元通过对比，详细讲述了云计算的基本概念和应用模式，同时介绍了目前业界处于领导者地位的主要设备供应商的技术特点，重点讲述了 Citrix XenServer 服务器虚拟化的特点及应用设计。VMware Workstation 是本书学习服务器虚拟化的重要手段之一，读者应掌握其基本安装及使用方法，理解三种网络模型的原理和应用场景。

单元练习题

一、选择题

1. 下列关于虚拟化的描述正确的是（　　）。

A. 虚拟化本质上是一种软件技术　　　　B. 虚拟化技术专指服务器虚拟化

C. 虚拟化技术专指硬件虚拟化　　　　　D. 虚拟化技术专指操作系统虚拟化

2. 下列不属于虚拟化的优点的是（　　）。

A. 资源使用率高　　B. 可靠性高　　　　C. 隔离性好　　　　D. 依赖于硬件

3. 在云计算系统中，云计算服务提供的管道是（　　）。

A. 运算服务　　　　B. 应用软件　　　　C. 网络　　　　　　D. 终端用户

4. 下列关于云计算 SPI 三层模型的说法正确的是（　　）。

A. IaaS 是指平台及服务层

B. PaaS 是指基础设施服务层

C. SaaS 是指软件即服务

D. SPI 是指计算服务、通信服务、存储服务

5. 以下不属于云计算的技术优势的是（　　）。

A. 降低企业运营成本　　　　　　　　　B. 提供安全可靠的数据存储

C. 降低用户端的成本　　　　　　　　　D. 提高用户端的设备性能

6. 在与电力系统的对比中，云计算系统中类似"变电站"的系统组件是
（　　）。

A. 服务器群　　　　B. 虚拟化技术　　　C. 网络传输　　　D. 安全监控

7. 目前公有云市场占据第一的厂家是（　　）。

A. 亚马逊云计算（AWS）　　　　　　　B. Microsoft Azure

C. 阿里云　　　　　　　　　　　　　　D. 谷歌云

8. Citrix XenServer 最多支持的网卡数量是（　　　）。

A. 2　　　　　　　B. 4　　　　　　　C. 8　　　　　　　D. 16

9. VMware Workstation 中，虚拟机可以和外部网络通信的模式是（　　　）。

A. Host-Only 模式　　　　　　　　　　B. NAT 模式

C. Bridged 模式　　　　　　　　　　　D. NAT 模式和 Bridged 模式

10. VMware Workstation 的 NAT 模式中，所使用的虚拟网卡是（　　　）。

A. VMnet0　　　　B. VMnet1　　　　C. VMnet8　　　　D. 本地网卡

11. VMware Workstation 的虚拟网络中，用到内部虚拟 DHCP 服务的模式是（　　　）。

A. Host-Only 模式　　　　　　　　　　B. NAT 模式

C. Bridged 模式　　　　　　　　　　　D. NAT 模式和 Host-Only 模式

二、简答题

1. 什么是云计算？什么是虚拟化？二者有何差别？

2. 什么是虚拟机？请简述你的理解。

3. 虚拟化技术中，哪些硬件是可以虚拟化的？

4. 虚拟化技术的优势有哪些？

5. VMware Workstation 有哪三种网络模型，它们之间的差别是什么？

单元 **2**

Citrix XenServer 系统的安装与配置

 学习目标

【知识目标】

- 了解 Citrix XenServer 系统的基本概念。
- 了解 Citrix XenServer 系统的安装准备。
- 掌握 Citrix XenServer 系统的安装步骤。
- 掌握 Citrix XenServer 系统的配置方法。

【技能目标】

- 能够使用桌面虚拟化软件进行 Citrix XenServer 系统的安装。
- 能够使用 Citrix XenCenter 软件配置与管理 XenServer 服务器。
- 能够使用 CLI 命令行管理 XenServer。

 引例描述

　　学校的 Citrix 实训室最近采购了一批新的 ThinkPad 服务器，目前已经完成验收，准备安装新的系统。实训室负责人蒋老师挑选了包括小明在内的 4 位同学进行 XenServer 系统的安装和基本配置，在装机培训时蒋老师事先准备了如下问题，希望同学们带着这些问题去学习如何安装 XenServer 系统。

　　问题 1：目前流行的虚拟化产品有哪些？分属于哪几个公司？Citrix 公司的虚拟化产品有哪些优势？

　　问题 2：对比 XenServer 系统与 Linux 系统，安装时有哪些相同点和不同点？

　　问题 3：使用 XenCenter 图形化界面配置 XenServer 时，有哪些服务器资源可以进行配置？

带着蒋老师提出的问题，小明和几位同学开始认真地学习装机课程，对将来学习云计算也充满了信心。

任务 1　Citrix XenServer 系统的安装

目前 Citrix XenServer 系统的最新版本是 Citrix XenServer 7.6，对于接触过 CentOS 或其他 Linux 发行版系统安装的人来说安装没有难度，都是图形化向导模式的安装方式。Citrix XenServer 系统安装简便，因为它是以 Linux 为底层内核进行操作系统的开发。另外，在服务器、笔记本电脑等设备上安装系统前，建议认真阅读官方配置与安装手册，预先完成 BIOS 等优化设定。

本任务主要是进行 Citrix XenServer 系统的安装，采用的方式是在自己 PC 的 VM-Ware 软件中创建名为 XenServer01 的虚拟机，为今后的配置与部署做好准备。

一、Citrix XenServer 系统的概述

Citrix XenServer（以下简称 XenServer）是 Citrix 公司基于 Xen 的虚拟化服务器，是一种全面且易于管理的服务器虚拟化平台。基于强大的 Xen Hypervisor 程序之上，Xen 技术被广泛看作是业界最快速、最安全的虚拟化软件之一。而 XenServer 是为了高效地管理 Windows 和 Linux 虚拟服务器而设计的，可提供经济高效的服务器整合能力。

XenServer 是在云计算环境中经过验证的企业级虚拟化平台，可提供创建和管理虚拟基础构架所需的所有功能。它深得很多要求苛刻的企业信赖，被用于运行最关键的应用，目前大量云计算环境和 xSP 使用 XenServer 构架。

XenServer 可以整合服务器工作负载，进而节约电源和管理成本，更有效地适应不断变化的 IT 环境，优化利用现有的硬件并提高 IT 可靠性。其主要优点有以下几个方面。

1. 降低 IT 运行成本

虽然服务器整合通常是实施服务器虚拟化的主要驱动因素，但企业可以获得更多优势，而不仅仅局限于服务器总数量的减少。XenServer 虚拟化管理工具可以将服务器要求降低到 1/10。数据中心的服务器整合可以降低功耗和管理成本，同时帮助打造绿色环保的 IT 环境。

2. 提高 IT 灵活性

虚拟化使数据中心可以灵活适应不断变化的 IT 要求。例如，XenServer 可以创建能无缝地集成现有存储环境的虚拟基础构架，这样就可以缩短 IT 部门满足用户需求所需的时间。

3. 最大限度地减少服务器宕机

XenServer 可以减少计划内服务器宕机，减小故障影响，预防灾难并搭建始终可用的虚拟基础构架。服务器和应用升级可以在正常工作时间内完成。这样就可以减小对用户生产率的影响，节约成本，使 IT 人员可以在晚上和周末正常休息。

4. 确保服务器性能

XenServer 可以优化服务器工作负载的位置，提高性能和利用率，同时改进资源池内的服务器准备情况。这样便可确保始终能达到应用要求和预期的性能标准，帮助企业加快向生产环境中交付新应用的速度。

二、Citrix XenServer 系统安装的要求

XenServer 系统既支持市面上常见的服务器品牌，也支持在普通的台式机、笔记本电脑等设备上安装。如果部署 XenServer 虚拟化系统前希望了解自己设备的硬件兼容性，可以到思杰官方网址去查看设备是否已通过官方认证。

如表 2-1 所示是思杰官方对 XenServer 7.6 系统安装的硬件要求。

表 2-1　安装 XenServer 7.6 的硬件要求

CPU	一个或多个 64 位 x86 CPU，主频最低为 1.5 GHz，建议使用 2 GHz 或者更快的多核 CPU，要支持运行 Windows 的虚拟机。如果这些 CPU 是 Intel 公司的产品，需要支持 Intel VT 功能；如果是 AMD 公司的产品，需要支持 AMD-V 功能
内存	最低为 2 GB，建议使用 8 GB 或者更高的容量，系统容量最大支持 5 TB 的 RAM
硬盘空间	如果采用本地存储（PATA、SATA、SCSI）方式，磁盘空间的最低要求为 16 GB，建议空余 80 GB 以上的磁盘空间；如果是通过 SAN 方式进行安装，请自行购买硬件 HBA 卡，通过 HBA 的方式进行 SAN 存储系统安装
网络	100 M，建议使用 1 GB 的 NIC，如果要实现网络的冗余，建议使用多个 NIC 建立网络连接
操作系统	Windows 10、Windows 8.1、Windows 7、Windows Server 2012、Windows Server 2008 R2、Windows Server 2016
系统附件	Microsoft .NET Framework 4.6 及以上

三、Citrix XenServer 系统的安装方式

一般可通过如下几种方法安装 XenServer 到服务器或台式机上。

方法一：CD/DVD 光盘方式安装。

方法二：将 XenServer 安装到 SAN 的远程磁盘中，以 SAN 方式引导安装。

方法三：通过网络访问 TFTP 服务器进行远程安装。

XenServer 7.6 系统必须安装在 64 位 x86 构架的 CPU 计算机中，不支持 32 位 CPU 的计算机。另外，除非特殊情况，否则，不要将 XenServer 安装在任何双操作系统的计算机中，这很容易因为不同系统而产生错误。

本书中所有操作实验均采用 CD/DVD 方式安装，当然这里的 CD/DVD 方式是指虚拟化软件 VMWare WorkStation 中的虚拟光驱安装。安装前需要先下载安装程序（ISO 格式的系统文件），请访问 XenServer 官方网站下载（下载的页面可能有多种不同用途的安装包及其附件包，请根据实际情况下载）。XenServer 的安装文件包包含了用于安装 XenServer 及后续在 Windows 计算机上安装 XenCenter 的管理软件，以及所需的 Windows 安装框架（如 Miscrosoft . NET Framework 4.6）等。

XenServer 的最新版本请查阅思杰官网。

四、Citrix XenServer 系统的配置限制

XenServer 服务器虽然可以提供良好的虚拟化体验，但在 XenServer 选择和配置虚拟环境与物理环境时需要在一定的限制下进行。Citrix XenServer 的主要限制有以下三个方面。

1. 虚拟机限制

如表 2-2 所示是虚拟机在各个功能方面的限制。

表 2-2　虚拟机在各个功能方面的限制

计算	每个 VM（虚拟机）的虚拟 CPU 数量最多为 32 个
内存	每个 VM 的 RAM 大小不超过 1.5 TB
存储	每个 VM 的虚拟磁盘镜像（VDI）数量不超过 255 个 每个 VM 的虚拟 CD-ROM 驱动器数量不超过 1 个 虚拟磁盘大小（NFS、LVM）不超过 2 TB
网络连接	每个 VM 的虚拟 NIC 数量不超过 7 个

虚拟机限制还包括由于不同的操作系统带来的限制差异。比如，操作系统寻址的最大物理内存量有所不同，内存设置超过了操作系统本身的限制，则 XenServer 内部虚拟机出错。较低版本的操作系统对虚拟机有更为严格的限制。更多的限制可以查阅 Citrix 的关于来宾操作系统和来宾操作系统支持的官方文档。

2. XenServer 主机限制

如表 2-3 所示是 XenServer 主机的一些功能限制。

表 2-3　XenServer 主机的一些功能限制

计算	每个主机的逻辑处理器数量不超过 288 个 每个主机的并发 VM 数量不超过 1 000 个
项目	启动了高可用性的每个主机能够保护的并发 VM 数量不超过 500 个 每个主机的虚拟 CPU 数量不超过 128 个
内存	每个主机的 RAM 大小不超过 5 TB
存储	每个主机的并发活动虚拟磁盘数量不超过 4 096 个
网络连接	每个主机的物理 NIC 数量不超过 16 个 每个网络绑定的物理 NIC 数量不超过 4 个 每个主机的虚拟 NIC 数量不超过 512 个 每个主机的 VLAN 数量不超过 800 个 每个主机的网络绑定数量不超过 4 个
显卡	每个主机的 GPU 数量不超过 12 个

　　VM 主机支持的最大数量取决于 VM 工作负载、系统负载、网络配置及其他一些环境因素。如果主机有一个或多个 32 位 Linux 系统虚拟机，那么该虚拟机最大支持运行 128 G 的内存。

　　3. 资源池限制

　　如表 2-4 所示是资源池的一些功能限制。

表 2-4　资源池的一些功能限制

计算	每个资源池的 VM 数量不超过 4 096 个 每个资源池的主机数量不超过 64 个
网络连接	每个资源池的 VLAN 数量不超过 800 个 每个跨服务器专用网络的活动主机数量不超过 64 个 每个资源池的跨服务器专用网络数量不超过 16 个 每个跨服务器专用网络的虚拟 NIC 数量不超过 16 个 每个资源池的跨服务器专用网络虚拟 NIC 数量不超过 256 个
灾难恢复	每个资源池的集成站点恢复存储库数量不超过 8 个
存储	LUN 的存储路径不超过 8 个 每个主机的多路径 LUN 数量不超过 256 个 每个 SR（NFS、SMB、EXT）的虚拟磁盘镜像不超过 20 000 个

任务实施

　　为了熟练掌握安装 XenServer 的方法，以及安装过程中的参数配置，本任务以在计算机上实际安装一台 XenServer 虚拟机为目标，模拟在服务器中安装 XenServer 的全过程。XenServer 的具体安装步骤如下：

1. 设置 VMware Workstation

安装 XenServer 7.6 之前需要预先设置好 VMware Workstation，主要的设置有 CPU 设置与光盘挂载。如图 2-1 所示是 CPU 设置。需要注意的是，必须勾选"虚拟化引擎"选项组中的"虚拟化 Intel VT-x/EPT 或 AMD-V/RVI（V）"复选框，否则 XenServer 系统将无法安装进虚拟机中。

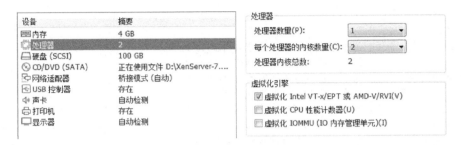

图 2-1　虚拟化软件 CPU 设置

单击左侧"CD/DVD（SATA）"选项，使用 ISO 映像文件的方式加载下载的 XenServer-7.6.0-install-cd.iso 文件，如图 2-2 所示，单击"确认"完成虚拟化软件的设置。

图 2-2　虚拟化软件 CD/DVD 设置

2. 初始化安装界面

单击开启虚拟机，软件将进行开机自检，出现 XenServer 7.6 的初始化安装界面，如图 2-3 所示。在此界面直接按回车键，系统默认进行标准安装并检查系统运行的硬件是否达标，自检完成后将进入图形化安装模式。

3. 选择键盘布局

图形化安装模式的第一步是选择键盘布局界面，默认选择键盘为"［qwerty］us"，如图 2-4 所示。

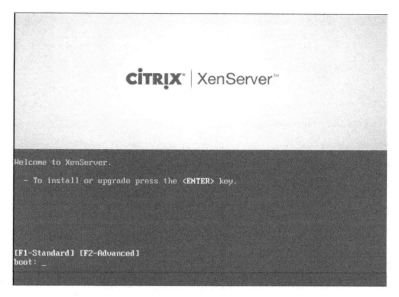

图 2-3 XenServer 7.6 初始化安装界面

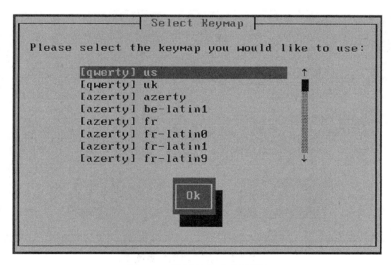

图 2-4 选择键盘布局界面

4. 清空硬盘数据

在系统安装的提示页中，会提示该安装程序可以安装或者升级 XenServer 系统，如果选择安装新系统，XenServer 将清除硬盘中的所有数据，建议提前做好备份工作。XenServer 系统的 ISO 安装包中已经附带了目前市面上主流的硬件平台的驱动程序，如果用户将其安装到特定的没有默认驱动程序的设备中，可以选择 [F9] 键，系统将引导安装程序逐步安装所需的驱动程序。这里直接单击 "OK" 按钮继续安装向导，如图 2-5 所示。

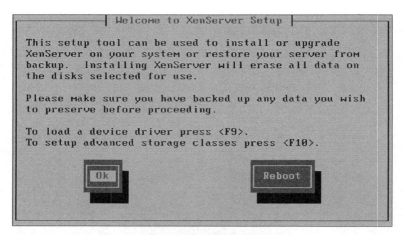

图 2-5 图形化安装向导页

5. 接受 EULA 协议

在 End User License Agreement 界面中，单击"Accept EULA"按钮，接受最终用户授权协议，继续进行下一步的安装，如图 2-6 所示。

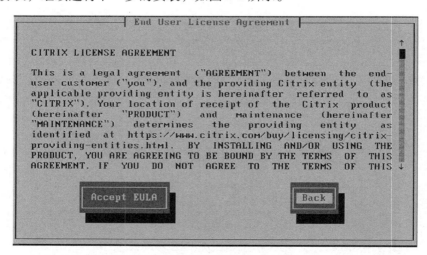

图 2-6 接受 EULA 协议

至此第一个阶段的安装完成，将进行第二个阶段的安装。但是如果第一个阶段中配置不正确，单击"Accept EULA"按钮后将报错。下面来看一看可能的错误及更改措施。

（1）找不到硬盘。

如图 2-7 所示，系统有可能弹出"No Primary Disk"界面，提示安装用户 XenServer 系统无法找到硬盘。在真实设备安装时一般不会出现这个问题，如果使用虚拟化软件安装有可能会出现这种现象，这是由于创建虚拟机时分配的硬盘空间过小导致的，我们只需增大硬盘空间即可消除该错误。本系统安装时磁盘空间设置为 100 GB。

图 2-7　找不到硬盘错误提示

（2）CPU 虚拟化技术未开启。

在图 2-1 中如果未勾选"虚拟化 Intel VT-x/EPT 或 AMD-V/RVI（V）"复选框，将会弹出如图 2-8 所示的错误，此时只需关闭虚拟机，在 CPU 设置中勾选相关选项再重新启动虚拟机，即可消除此错误。

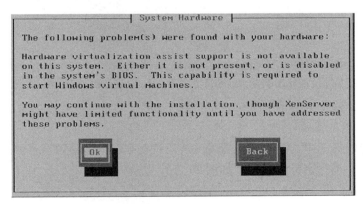

图 2-8　CPU 虚拟化选项未勾选

6. 设置虚拟机存储

如图 2-9 所示，在虚拟机存储界面中选择"sda‐100 GB［VMware，VMware Virtual S］"的分区，单击"OK"按钮完成系统存储的设置。

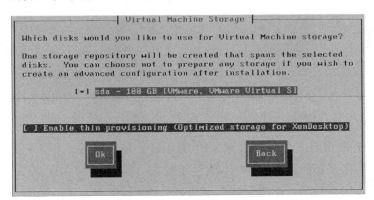

图 2-9　虚拟机存储设置框

7. 安装源选择

XenServer 系统提供了三种安装方式：本地安装、HTTP/FTP 安装、NFS 安装。这里我们使用本地光驱挂载的 ISO 映像文件进行本地安装，在选择安装源界面中，选择"Local Media"，单击"OK"继续安装，如图 2-10 所示。

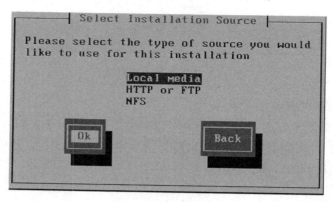

图 2-10　安装源选择框

8. 检查光盘完整性

在光盘安装完整性检查的界面中选择"Verify installation source"来验证安装光盘的文件完整性，如图 2-11 所示。

9. 设置管理员密码

在设置密码界面中，输入要设置的 root 管理员密码，长度在 6 位以上，建议密码包含大写字母、小写字母和数字，如图 2-12 所示。

图 2-11　光盘完整性检查

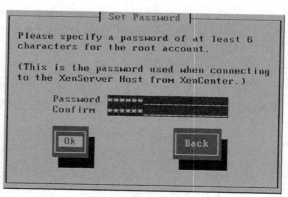

图 2-12　密码设置界面

10. 设置网络

网络设置界面中有两个功能设置，IP 地址设置是必选项，VLAN 设置是可选项。IP 地址可以采用 DHCP 自动获取或者手工配置，这里选择 DHCP 方式自动获取，VLAN 配置暂不进行设置，有兴趣的同学可以查阅 Citrix 官方文档完成 VLAN 的配置，如图 2-13 所示。

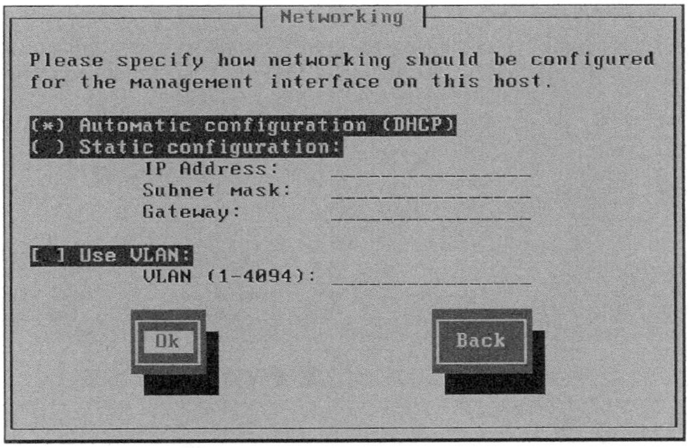

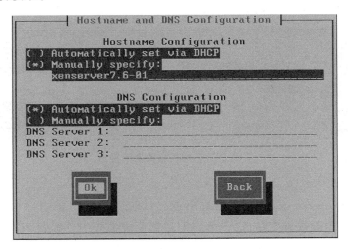

图 2-13　IP 地址与 VLAN 设置界面

11. 设置主机名与 DNS

如图 2-14 所示是主机名与 DNS 设置界面。XenServer 的主机名可以通过 DHCP 自动添加，也可以手工设置，这里我们设置主机名为 xenserver 7.6-01，DNS 设置通过 DHCP 协议自动获取。

图 2-14　主机名与 DNS 设置界面

12. 设置时区

如图 2-15 所示，在时区设置界面，选择 Asia（亚洲）中的 Beijing（北京）作为 XenServer 的时区，单击"OK"按钮进入下一个界面。

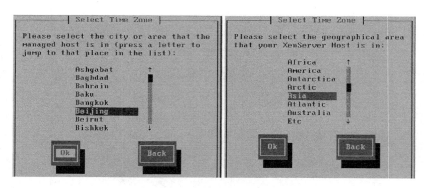

图 2-15 时区设置界面

13. 设置 NTP 服务器

NTP 服务器是网络中非常重要的服务器，它同步网络中的时间，为网络中各设备协同运行"保驾护航"。在 NTP 配置界面，首先选择 XenServer 服务器的时间获取方式，可以使用 NTP 服务器获取时间，也可以手工输入时间，强烈建议使用 NTP 服务器获取时间。在接下来的 NTP 配置中可以通过 DHCP 自动获取网络中活跃的 NTP 服务器，也可以手工输入 NTP 服务器的 IP 地址，这里通过手工方式配置，如图 2-16 所示。选好后，单击"OK"按钮完成配置。

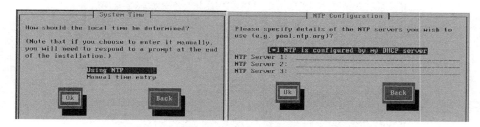

图 2-16 NTP 服务器配置

14. 确认安装完成

完成所有 XenServer 的预配置后将出现确认配置界面，单击"Install XenServer"按钮，开始按照预设配置安装 XenServer 服务器到虚拟机中，如图 2-17 所示。

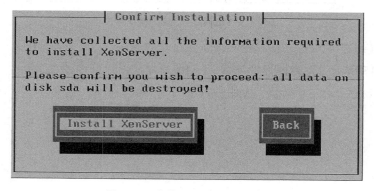

图 2-17 安装 XenServer 服务器

　　安装过程中将跳出如图 2-18 所示的扩展包安装提示框，询问是否安装支持的扩展包，单击"No"按钮则不安装任何扩展包。如果以后需要安装扩展包，可以使用 CLI 命令在命令行界面手工添加扩展包。

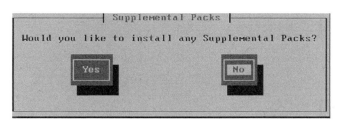

图 2-18　扩展包安装提示框

　　安装完成后会提示重启计算机，单击"OK"按钮后重启 XenServer 系统，如图 2-19 所示。

图 2-19　完成 XenServer 安装

15. 进入系统主界面

　　重启后将进入如图 2-20 所示的系统主界面，这表明 XenServer 系统已经正常运行。XenServer 使用的网卡设备为 eth0，IP 地址为 192.168.1.146。我们可以通过 CLI 命令行或 XenCenter 图形化界面管理 XenServer。

图 2-20　XenServer 系统主界面

项目实训　安装 XenServer 系统

【实训任务】

通过计算机的虚拟化软件（如 VMware Workstation），安装 XenServer 虚拟机，了解 XenServer 安装的全过程，掌握安装过程中需要进行的参数配置。

【实训目的】

- 理解 XenServer 系统的安装方式。
- 了解 XenServer 系统的具体安装步骤。
- 初步掌握 XenServer 系统的安装参数配置。

【实训内容】

- 使用虚拟化软件安装 XenServer 系统。
- 正确配置安装过程中的系统参数。
- 查看安装完成的界面。

任务 2　Citrix XenServer 系统的管理

任务陈述

Citrix 官方提供了两种不同的方式管理 XenServer 服务器：使用 CLI 命令行界面管理和使用 XenCenter 软件图形化管理。

1. 使用 CLI 命令行界面管理

基于 Linux 命令行管理工具，可通过本地或远程的 CLI 方式管理 XenServer 服务器，其原理如图 2-21 所示。

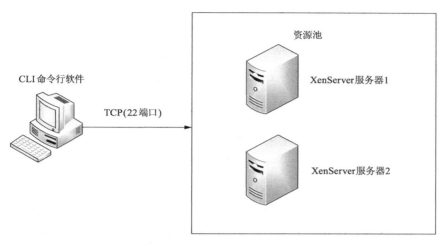

图 2-21　CLI 命令行管理 XenServer 服务器

2. 使用 XenCenter 软件图形化管理

基于 Windows 系统开发的图形化界面管理 XenServer 系统的工具，可以管理 Xen-Server 主机、资源池、共享存储、网络、高可用性等模块与功能。XenCenter 管理 XenServer 的原理如图 2-22 所示。

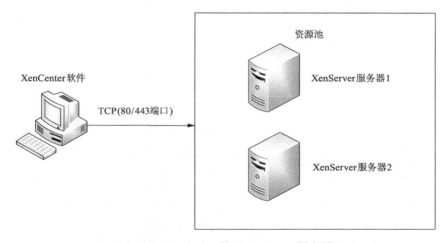

图 2-22　XenCenter 管理 XenServer 服务器

一、Citrix XenServer 控制台功能介绍

在 Windows 操作系统推出前，计算机是没有鼠标外设的，每一条操作指令都需要通过键盘完成输入，而现在只需要单击鼠标即可完成操作指令的输入。虽然这种方式极大地降低了操作难度，但是同样也无法加深学生对具体操作含义的理解。一些操作

功能变成预设的，无法灵活地自定义操作过程，所以直到现在 Windows 10 操作系统依然保留着 CLI 命令行操作工具。

XenServer 系统启动完成后，会进入 XenServer 控制台主界面，如图 2-20 所示。界面上一共有 13 个操作菜单，各个操作菜单下还有若干个操作子菜单，下面分别介绍它们各自的功能。

1. 状态显示

XenServer 控制台主界面显示主机的名称、服务器厂家信息、XenServer 版本信息、管理网卡的信息及 IP 地址、子网掩码和默认网关等信息，如图 2-20 右侧所示。如果此时按回车键，可以显示管理此服务器所使用的 SSL 加密字符串，该字符串主要用来控制数据远程加密传输，如图 2-23 所示。

图 2-23 SSL 电子 key

2. 网络与管理接口

该选项主要配置管理网卡的网络信息（IP 地址、子网掩码、网管、NTP 服务器、主机名、DHCP 等），如图 2-24 所示。

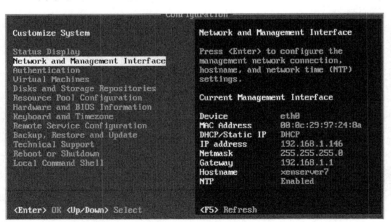

图 2-24 网络与管理接口界面

按回车键后，显示七个子菜单，如图 2-25 所示，它们的功能如下：

（1）更改网卡的相关设置。

（2）显示 DNS 服务器信息。

（3）设置 NTP 服务器。

（4）测试网络。

（5）显示网卡硬件信息。

（6）紧急重置网络。

（7）设置 vSwitch 连接。

通过这些设置可以方便地管理接口、DNS、NTP 等网络相关的内容。

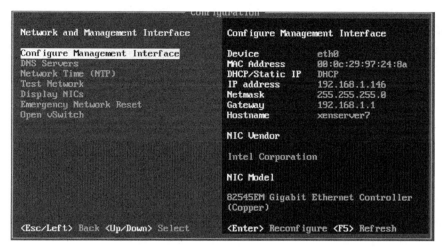

图 2-25　网络与管理接口子界面

3. 认证

认证界面如图 2-26 所示，有三个子菜单，它们的功能如下：

（1）登录或退出当前账号。

（2）更改当前用户的密码。

（3）更改自动注销的时间。

图 2-26　认证界面

4. 虚拟机

虚拟机界面如图 2-27 所示，有三个子菜单，它们的功能如下：

（1）查看当前正在运行的虚拟机。

（2）查看 CPU 与内存的使用率。

（3）查看 XenServer 管理的所有虚拟机。

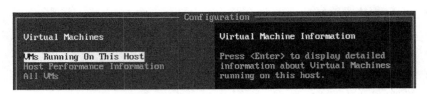

图 2-27　虚拟机界面

5. 磁盘与存储库

如图 2-28 所示，磁盘与存储库界面的五个功能选项的主要功能是查看和管理服务器存储管理、ISO 库、DVD 光驱、NFS 等。如果需要实际创建或管理磁盘存储库，建议使用 XenCenter 管理软件进行图形化管理。

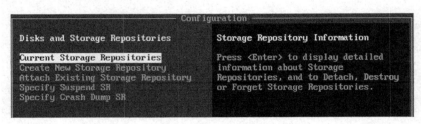

图 2-28　磁盘与存储库界面

6. 资源池配置

如图 2-29 所示，通过资源池配置界面可以加入或退出当前主机的资源池，也可以为资源池指定一个新的 Master 服务器。

图 2-29　资源池配置界面

7. 硬件与 BIOS 信息

如图 2-30 所示，硬件与 BIOS 信息界面的五个功能主要用来查看 XenServer 服务器的相关信息，主要是系统描述、CPU 信息、内存信息、本地存储控制器信息和 BIOS 信息等。

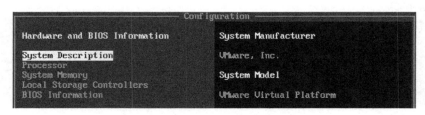

图 2-30　硬件与 BIOS 信息界面

8. 键盘与时区

如图 2-31 所示，键盘与时区界面用来调整 XenServer 的键盘布局标准和时区，一些国家的键盘布局和我们日常使用的并不相同（如英国），还有一些大型跨国公司需要统一服务器的时区信息等，都可以通过该界面进行设置。

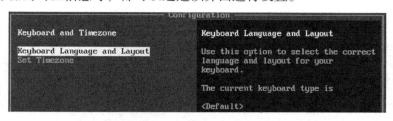

图 2-31　键盘与时区界面

9. 远程服务配置

在 XenServer 服务器需要进行远程技术支持时，可以对远程服务功能进行配置，启用远程 Logging 或者打开/关闭远程 Shell 功能，如图 2-32 所示。

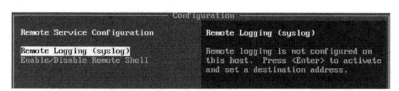

图 2-32　远程服务配置界面

10. 备份、恢复与更新元数据

该界面可以实现虚拟机元数据的日常备份、定期备份和恢复等功能，如图 2-33 所示。

图 2-33　备份、恢复与更新元数据界面

11. 技术支持

该界面主要是验证服务器设定，上传和保存系统 Bug 报告、软件版本信息，如图 2-34 所示。

图 2-34　技术支持界面

12. 重启或关闭

如图 2-35 所示，该界面主要有三个重要功能：

（1）进入或退出维修模式。

（2）重启 XenServer 服务器。

（3）关闭 XenServer 服务器。

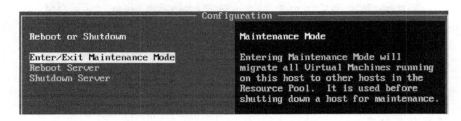

图 2-35　重启或关闭界面

13. 本地命令行

如图 2-36 所示，本地命令行操作界面可以像操作 Linux 系统一样通过 shell 命令对 XenServer 进行管理，单击后会进入 root 用户的 CLI 控制台。

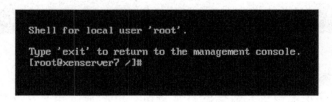

图 2-36　本地命令行界面

二、XenCenter 管理软件

（一）XenCenter 的安装

XenCenter 的安装文件既可以在官方网站上下载，也可以直接在本地 XenServer 服务器上下载。如图 2-20 所示，XenServer 系统主界面中 IP 地址为 192.168.1.146，打开浏览器，在地址栏中输入 http：//192.168.1.146，打开如图 2-37 所示的界面，直接单击"XenCenter CD image"或"XenCenter installer"链接即可下载 XenCenter 的安装包。

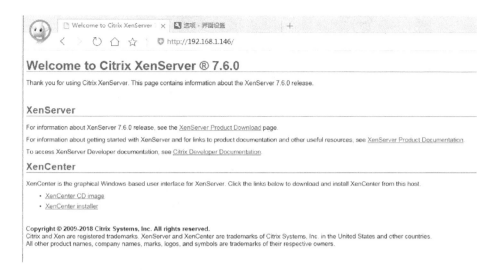

图 2-37　在本地 XenServer **服务器上下载** XenCenter

具体的安装步骤如下：

1. 安装 XenCenter 的运行环境

直接安装 XenCenter 会出现如图 2-38 所示的错误提示。错误原因是操作员没有在计算机中安装 Microsoft . NET Framework 4. 6 或以上版本的运行环境，此时我们只需下载并安装相应的运行环境并安装即可。

图 2-38　** XenCenter **运行环境错误

2. 安装 XenCenter

双击 XenCenter Setup. exe 安装包，出现如图 2-39 所示的安装欢迎对话框，单击"Next"按钮。

图 2-39　XenCenter 安装欢迎对话框

　　如图 2-40 所示，选择程序要安装的硬盘位置及功能组件，然后单击 "Next" 按钮。

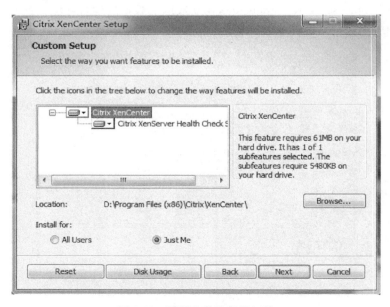

图 2-40　配置安装路径及组件

3. 完成 XenCenter 的安装

如果安装成功，将弹出如图 2-41 所示的对话框。

图 2-41　XenCenter 安装成功

（二）XenCenter 的卸载

若要卸载 XenCenter，可以打开 Windows 的控制面板，在控制面板中的"程序和功能"下找到列表中的 Citrix XenCenter，单击卸载完成卸载操作，如图 2-42 所示。

图 2-42　卸载 Citrix XenCenter

注意　卸载 XenCenter 应用程序时，不会删除 XenCenter 用户配置数据和日志文件，这些文件存储于"%appdata% \ Citrix \ XenCenter"文件夹中，可手动删除。

（三）XenCenter 的日志查看

XenCenter 软件还提供了丰富的日志功能，可以查看当前 XenCenter 会话中事件的摘要信息，包括对执行的所有操作的描述，以及事件的信息记录，可以方便地进行审核和跟踪。日志存放的路径为"% userprofile% \ AppData \ Roaming \ Citrix \ XenCenter \ logs"，如图 2-43 所示。

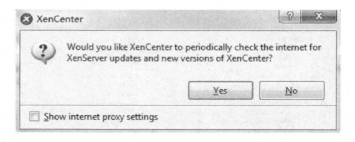

图 2-43　XenCenter 日志存放位置

本任务的主要内容是使用 XenCenter 管理软件监视 XenServer 服务器上的活动状态，这需要将服务器添加到 XenCenter 的托管资源集合中。首次连接服务器时，该服务器会添加到 XenCenter 窗口左侧的资源窗格中。该服务器的默认存储库和物理 CD/DVD 驱动器也将显示在该窗格中，之后可以将托管服务器断开连接、重新连接、关闭或重置为维护模式，在 XenCenter 删除该服务器前，始终可以对 XenServer 进行访问。

打开 XenCenter 软件后首先弹出的提示框是关于定期接收 XenServer 更新、XenCenter 更新内容提示框，单击"Yes"按钮确认即可，如图 2-44 所示。

图 2-44　XenCenter 定期更新提示框

XenCenter 软件界面主体非常简洁、好用，窗体主要分为六个功能区域，如图 2-45 所示。

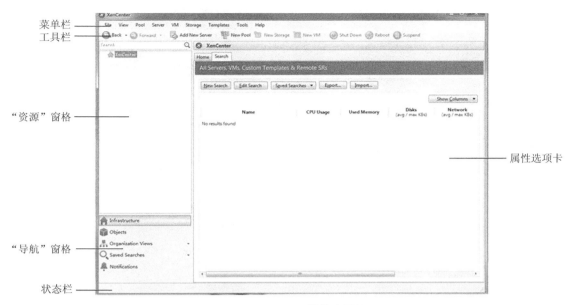

菜单栏
工具栏
"资源"窗格
属性选项卡
"导航"窗格
状态栏

图 2-45 XenCenter 软件主界面

六个功能区域的名称与功能如下:

（1）菜单栏：包含管理服务器、资源池、SR、VM 和模板所需的所有命令。

（2）工具栏：用于快速访问常用菜单命令的子集。

（3）"资源"窗格：列出当前 XenCenter 管理的所有服务器、资源池、VM、模板和 SR。

（4）"导航"窗格：列出所有导航按钮，单击某个按钮可在"资源"窗格中查看托管资源的对应视图。

（5）状态栏：显示当前任务的进度信息。

（6）属性选项卡：查看及设置选定资源的属性。

连接 XenServer 的具体操作步骤如下。

1. 打开主界面

打开 XenCenter 软件，如图 2-46 所示，单击工具栏中的"Add New Server"按钮，将安装好的 XenServer 服务器添加进来，方便管理。

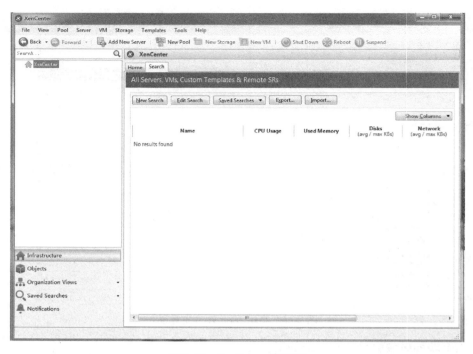

图 2-46　XenCenter **主界面**

2. **添加新服务器**

在"Add New Server"对话框中输入 XenServer 的 IP 地址及新建 XenServer 过程中创建的用户名和密码（在安装 XenServer 时输入的密码是 root 账户密码），单击"Add"按钮完成添加，如图 2-47 所示。

图 2-47　**添加新服务器提示框**

3. **连接成功**

连接成功后在界面的"资源"窗格中出现服务器及相关存储列表，在属性选项卡中可以查看当前选择的 XenServer 服务器内存、存储、网络、NIC 和控制台等信息，如图 2-48 所示。

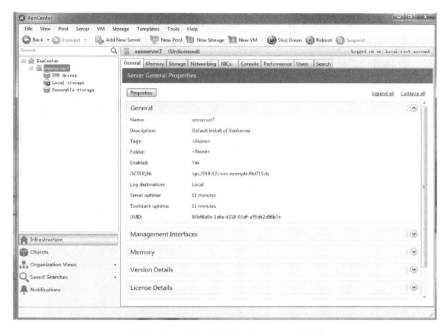

图 2-48　连接成功的 XenCenter 界面

4. 断开与重连 XenServer

选中需要断开的 XenServer 服务器，单击鼠标右键，在弹出的快捷菜单中选择"Disconnect"，如图 2-49 所示。

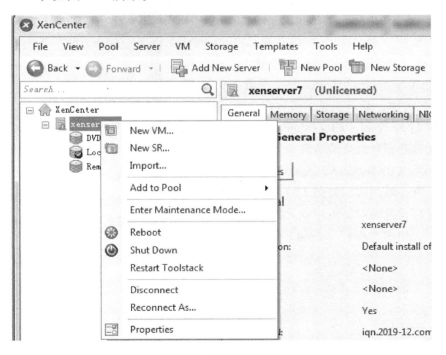

图 2-49　断开连接操作

断开连接的服务器仍然是托管服务器，在 XenCenter 的"资源"窗格中仍然可用，并可以随时与断开连接的服务器重新连接。重新连接断开的托管服务器，只需要在"资源"窗格中双击该服务器，或者单击鼠标右键，在弹出的快捷菜单中选择"Connect"，如图 2-50 所示。

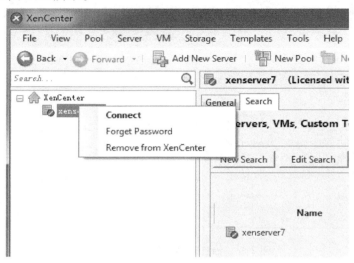

图 2-50　重新连接 XenServer

XenCenter 只要添加了 XenServer 服务器后，无论该服务器的状态如何，在整个当前 XenCenter 会话中都可以通过资源窗格访问该服务器。

5. 导入与导出服务器列表

该功能可以将托管服务器列表从 XenCenter 导出到配置文件中，然后将该文件导入其他计算机运行的 XenCenter 会话中。每个托管 VM 的 IP 地址/DNS 名称、端口和显示名称以 XML 格式保存在扩展名为 .config 的 XenCenter 配置文件中，但是该文件并不存储登录信息。

图 2-51　导出服务器列表

我们可以在 XenCenter 的菜单栏中单击文件，选择导出服务器列表，如图 2-51 所示。

在保存设置的对话框中输入要保存的文件名 XenServer，单击"保存"按钮，如图 2-52 所示。

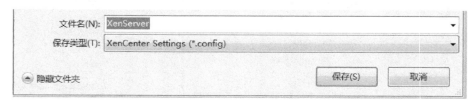

图 2-52　备份 XenServer

如果需要导入服务器信息，可以选择菜单栏中文件的导入服务器列表，选择需要导入的后缀名为 .config 的文件进行导入，导入后 XenServer 服务器的连接状态为断开，可以通过上面的连接操作连接 XenServer。

6. 更改 XenServer 属性

在资源窗格中选择已连接的 XenServer 服务器，然后单击 General 选项卡，即可查看服务器的属性特征和当前状态，并且可以通过"General"选项卡中的"Properties"属性按钮来改变服务器的属性，或通过右键单击服务器选择属性的方式更改，打开的属性对话框如图 2-53 所示。

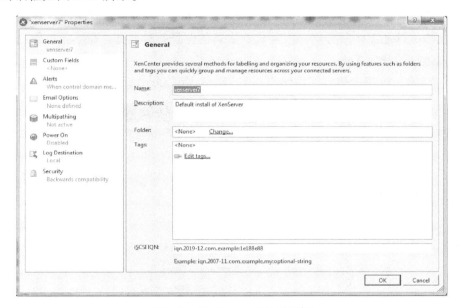

图 2-53　XenServer 属性对话框

左侧菜单栏功能如下：

（1）General（常规属性）：更改服务器名称、说明信息、服务器存放文件夹和服务器标记。

（2）Custom Fields（自定义字段）：可以使用自定义字段为托管资源添加信息，便于搜索。

（3）Alerts（报警属性）：可以针对服务器的 CPU、内存、网络 I/O 和磁盘 I/O 使用情况配置性能报警。

（4）Email Options（电子邮件选项）：针对独立服务器上生成的系统报警配置电子邮件通知，对于资源池中的服务器，该功能在资源池上配置。

（5）Multipathing（多路径）：光纤通道和 iSCSI 存储库支持动态存储多路径功能，可以通过服务器属性对话框中的多路径选项卡启用该功能。

（6）Power on（开机选项）：配置 XenServer 主机开机功能，以允许远程开启托管服务器。

（7）Log Destination（日志目标位置）：XenServer 系统日志信息可以存储在本地服务器上或者存储在远程服务器上。

（8）Security（安全选项）：可以选择通信时的 TLS 安全协议。

如果使用远程服务器并确保这些日志正确聚合在一起，则必须运行 syslogd 后台程序。syslogd 后台程序是所有类型的 Linux 和 Unix 的标准组件，Windows 和其他操作系统可使用第三方版本，还应将远程服务器配置为允许从资源池中的主机远程连接，并正确配置防火墙。

7. 备份与还原 XenServer

可以将托管服务器备份到 XenServer 备份文件（.xbk）中，当出现硬件故障时，可以使用该文件还原到服务器。但是该方法只备份服务器本身，而不会备份可能在该服务器上运行的任何 VM。

在"资源"窗格中执行"Server"→"Back Up"命令，如图 2-54 所示。

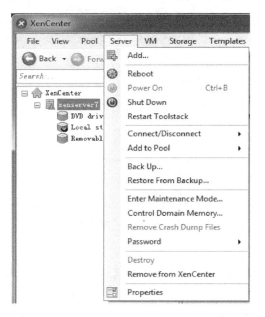

图 2-54　服务器的备份选项

通过浏览找到用户保存备份文件的文件夹并输入文件名"xenserver"，然后单击"打开"开始备份，如图 2-55 所示。备份过程可能需要一段时间，可以单击日志选项卡查看备份进度。

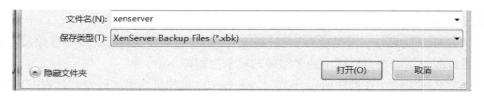

图 2-55　选择备份的 xbk 文件

如果要从备份中还原 XenServer 服务器，只需单击"资源"窗格中的某台服务器，然后在菜单栏的"服务器"中单击"从备份还原"，再按照操作步骤进行还原即可得到之前备份的文件。

8. 重启与关闭 XenServer

在 XenCenter 中重新启动服务器时，首先需要关闭所有在其中运行的虚拟机（VM），随后将该服务器断开连接并重新启动。重启服务器可以在"资源"窗格中选中主机，右键选择 Reboot 执行，如图 2-56 所示。

图 2-56　**重启与关闭** XenCenter

服务器重新启动后，XenCenter 将自动尝试重新连接该服务器。重新连接该服务器后，需要重新启动之前在该服务器中运行的任何 VM，除非这些 VM 配置了随主机启动时自动启动功能。重新启动服务器时，安装了 XenServer Tools 的 VM（半虚拟化 VM）将正常关闭，而在 HVM 模式下运行的 VM（未安装 XenServer Tools 的 VM）则通过强制关机进行关闭。

在 XenCenter 中关闭服务器时，首先关闭在其中运行的所有虚拟机（VM），随后该服务器断开连接并关闭。可以在"资源"窗格中选中主机，右键选择"Shut Down"命令关闭服务器，如图 2-56 所示。

项目实训　安装 XenCenter 软件

【实训任务】

使用 XenCenter 安装包在 PC 上安装 XenCenter 管理软件，了解 XenCenter 安装的全过程，掌握安装过程中需要进行的参数配置。

【实训目的】

- 理解 XenCenter 的安装方式。
- 了解 XenCenter 的具体安装步骤。
- 初步掌握 XenCenter 的安装参数配置。

【实训内容】

- 在 PC 上使用安装包安装 XenCenter 软件。
- 正确配置安装过程中的系统参数。
- 查看安装完成的界面。

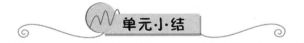

单元小结

　　安装与配置 Citrix XenServer 操作系统是实现服务器虚拟化的前提。系统安装过程中必然会涉及一些优化和配置方面的设定，如果没有按照规范配置，可能会导致系统不稳定，以后的管理会更加复杂，带来更多的性能问题。掌握 XenServer、XenCenter 的安装与配置，加深对虚拟化系统原理的理解，对进行高级配置将有很大的帮助。

单元练习题

一、选择题

1. Citrix XenServer 的最新版本是（　　）。
A. 6.0　　　　　　　　B. 6.5　　　　　　　　C. 7.0　　　　　　　　D. 7.6
2. 使用 XenServer 的优点不包括（　　）。
A. 降低 IT 运行成本　　　　　　　　B. 提高 IT 灵活性

C. 减少服务器宕机　　　　　　　　　D. 降低服务器性能

3. 下列关于 XenServer 的安装要求错误的是（　　）。

A. 需要 1 个或多个 CPU，并且支持 CPU 虚拟化

B. 需要 16 G 以上的磁盘空间

C. 需要 100 M 以上的一个或多个网卡

D. 必须在 VMWare Workstation 中安装 XenServer

4. 下列关于 XenServer 服务器的安装限制错误的是（　　）。

A. 并发的 VM 不超过 100 个　　　　　　B. 物理网卡不超过 16 个

C. 内存不超过 5 TB　　　　　　　　　　D. 磁盘最多支持 4 096 个

二、简答题

1. 简述 Intel 和 AMD 的 CPU 虚拟化技术。

2. 简述服务器中使用 NTP 的主要目的。

3. 简述 XenServer 支持的虚拟机的操作系统的种类。

单元 **3**

XenServer 的存储管理

 学习目标

【知识目标】

- 了解 XenServer 存储库的概念。
- 了解 XenServer 存储库的类型。

【技能目标】

- 掌握常见的存储设备类型。
- 掌握创建和使用 NFS 存储库的技能。
- 掌握创建和使用 iSCSI 存储库的技能。
- 掌握创建和使用 Windows 文件共享存储库的技能。

 引例描述

　　计算机类专业的小明同学学习了云计算概念和 XenServer 的安装后，听蒋老师说，原来的所有物理服务器的操作系统最终都将运行在 XenServer 中的多个虚拟机中。小明跃跃欲试，特别想知道如何将原来的多个物理机"虚拟化"到一个平台中去。但是蒋老师告诉他，不急，XenServer 的好多准备工作还没完成。一个 XenServer 的平台可以运行多个虚拟机，但是 XenServer 本身是运行在物理服务器上的，要占用磁盘存储。如果要运行多个虚拟机，则需要更多的磁盘存储。那么，这些存储从哪里来呢？如果所有的存储都是服务器本地的磁盘，那么一旦服务器发生故障，所有的虚拟机都可能会发生故障。本地的存储只是用来实现必要的功能，如 XenServer 本身所需的存储。那么有哪些非本地的存储方式呢？XenServer 能否使用呢？又该如何使用这些非本地的存储呢？

带着这些疑问，小明觉得还是得从头学起，从了解存储的类型开始。

任务 1　了解存储设备的类型

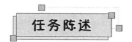

XenServer 系统中，为支持自身系统、外部安装源或大量虚拟机，需要使用本地和外部存储。

本任务将介绍常见的几个存储类型及创建 XenServer 支持的存储库，使学习者掌握存储库的概念和使用技能。

一、存储设备的类型

服务器常用的存储设备可以分为两大类：本地硬盘（磁盘）和网络存储。本地硬盘直接连接到服务器主板，通过主板的系统总线进行存取操作。网络存储的介质也是磁盘，但是技术手段不同，服务器通过网络来进行存取。

（一）本地硬盘的种类

硬盘接口是硬盘与主机系统间的连接部件，其作用是在硬盘缓存和主机内存之间传输数据。不同的硬盘接口决定着硬盘与计算机之间的连接速度。在整个系统中，硬盘接口的优劣直接影响程序运行的快慢和系统性能的好坏。按硬盘接口不同，可将硬盘分为以下几个种类。

1. IDE 硬盘

IDE 的英文全称为"Integrated Drive Electronics"，即电子集成驱动器，其本意是指把"硬盘控制器"与"盘体"集成在一起的硬盘驱动器。把盘体与控制器集成在一起的做法，减少了硬盘接口的电缆数目与长度，增强了数据传输的可靠性，硬盘的制造也变得更容易，因为硬盘生产厂商不需要再担心自己的硬盘是否与其他厂商生产的控制器兼容。对用户而言，硬盘安装起来也更为方便。IDE 这一接口技术从诞生至今就一直在不断发展，性能也在不断提高。其具有价格低廉、兼容性强等特点。

2. SCSI 硬盘

SCSI 的英文全称为"Small Computer System Interface"，即小型计算机系统接口，是与 IDE 完全不同的接口。IDE 接口是普通 PC 的标准接口，而 SCSI 并不是专门为硬盘设计的接口，是一种广泛应用于小型机上的高速数据传输技术。SCSI 接口具有应用范围广、任务多、带宽大、CPU 占用率低及热插拔等优点，但其较高的价格使得它很难像 IDE 硬盘一样普及，因此 SCSI 硬盘主要应用于中高端服务器和高档工作站中。

3. SATA 硬盘

SATA 的英文全称为"Serial Advanced Technology Attachment"，即串行高级技术附件，又叫串口硬盘，是 PC 的主流发展方向。因为其有较强的纠错能力，错误一经发现即能自动纠正，这就大大提高了数据传输的安全性。这种系统能有效地将噪声从正常信号中滤除，良好的噪声滤除能力使得 SATA 只要使用低电压操作即可。

4. SAS 硬盘

SAS 的英文全称为"Serial Attached SCSI"，即串行连接 SCSI，是新一代的 SCSI 技术。和现在流行的 SATA 硬盘一样，都是采用串行技术以获得更高的传输速度，并通过缩短连接线改善内部空间和存储系统的效能，提高可用性和扩充性。一般转速可达 15 000 r/min，甚至更高。

（二）RAID 技术

RAID 的英文全称为"Redundant Array of Independent Disks"，即独立磁盘冗余阵列，通常简称为磁盘阵列。简单地说，RAID 是由多个独立的高性能磁盘驱动器组成的磁盘子系统，从而提供比单个磁盘更高的存储性能和数据冗余的技术。RAID 是一类多磁盘管理技术，其向主机环境提供成本适中、数据可靠性高的高性能存储。RAID 设计的初衷是为大型服务器提供高端的存储功能和冗余的数据安全。在整个系统中，RAID 被看作是由两个或更多磁盘组成的存储空间，通过并发地在多个磁盘上读写数据来提高存储系统的 I/O 性能。大多数 RAID 等级具有完备的数据校验、纠正措施，从而提高系统的容错性，甚至镜像方式，大大增强系统的可靠性。

1. RAID 技术的优点

RAID 思想从提出后就广泛被业界所接纳，存储工业界投入了大量的时间和财力来研究和开发相关产品。而且，随着处理器、内存、计算机接口等技术的不断发展，RAID 也在不断地发展和革新，并在计算机存储领域得到了广泛的应用，从高端系统逐渐延伸到普通的中低端系统。RAID 技术如此受欢迎，源于其具有显著的特征和优势，基本可以满足大部分的数据存储需求。总体来说，RAID 有如下几个主要优势。

（1）大容量。

这是 RAID 的一个明显优势。由多个磁盘组成的 RAID 系统具有海量的存储空间。现在单个磁盘的容量就可以达到 1 TB 以上，这样 RAID 的存储容量就可以达到 PB 级，可以满足大多数的存储需求。一般来说，RAID 可用容量要小于所有成员磁盘的总容量。不同等级的 RAID 算法需要一定的冗余开销，具体容量开销与采用的算法有关。如果已知 RAID 的算法和容量，可以计算出 RAID 的可用容量。通常，RAID 的容量利用率在 50% ~ 90% 之间。

（2）高性能。

RAID 的高性能得益于数据条带化技术。单个磁盘的 I/O 性能受到接口、带宽等计算机技术的限制，性能往往很有限，容易成为系统性能的瓶颈。通过数据条带化技术，RAID 将数据 I/O 分散到各个成员磁盘上，从而使聚合 I/O 性能成倍增长。

（3）可靠性。

可靠性是 RAID 的另一个重要特征。从理论上讲，由多个磁盘组成的 RAID 系统在可靠性方面应该比单个磁盘要差。这里有个隐含假定：单个磁盘故障将导致整个 RAID 不可用。RAID 采用镜像和数据校验等数据冗余技术，否定了这个假定。镜像是最为原始的冗余技术，把某组磁盘驱动器上的数据完全复制到另一组磁盘驱动器上，保证始终有数据副本可用。比起镜像 50% 的冗余开销，数据校验要小很多，它利用校验冗余信息对数据进行校验和纠错。RAID 冗余技术大幅提升数据的可用性和可靠性，若干磁盘出错时，保证不会导致数据的丢失，不影响系统连续运行。

（4）可管理性。

实际上，RAID 是一种虚拟化技术，它将多个物理磁盘驱动器虚拟成一个大容量的逻辑驱动器。对于外部主机系统来说，RAID 是一个单一的、快速可靠的大容量磁盘驱动器。这样，用户就可以在这个虚拟驱动器上组织和存储应用系统数据。从用户应用角度看，存储系统简单易用，管理也很方便。由于 RAID 内部完成了大量的存储管理工作，管理员只需要管理单个虚拟驱动器，可以减少大量的管理工作。RAID 可以动态增减磁盘驱动器，自动进行数据校验和数据重建，这些都可以大大简化管理工作。

2. RAID 等级

标准的 RAID 分为 RAID0、RAID1、RAID2、RAID3、RAID4、RAID5、RAID6 七个等级。

（1）RAID0。

RAID0 是一种简单的、无数据校验的数据条带化技术，它实际上不是一种真正的 RAID，因为它并不提供任何形式的冗余策略。RAID0 将所在磁盘条带化后组成大容量的存储空间，将数据分散存储在所有磁盘中，以独立访问方式实现多块磁盘的并读访问。由于可以并发执行 I/O 操作，总线带宽得到充分利用，再加上不需要进行数据校验，RAID0 的性能在所有 RAID 等级中是最高的。

RAID0 具有低成本、高读写性能、100% 的高存储空间利用率等优点，但是它不提供数据冗余保护，一旦数据被损坏，将无法恢复。因此，RAID0 一般适用于对性能要求严格但对数据安全性和可靠性要求不高的应用，如视频、音频存储、临时数据缓存空间等。

（2）RAID1。

RAID1 被称为镜像，它将数据完全一致地分别写到工作磁盘和镜像磁盘，其磁盘空间利用率为 50%。RAID1 在数据写入时，响应时间会有所影响，但是读数据时没有影响。RAID1 提供了最佳的数据保护，一旦工作磁盘发生故障，系统自动从镜像磁盘读取数据，不会影响用户工作。

RAID1 与 RAID0 刚好相反，RAID1 是为了增强数据安全性使两块磁盘数据呈现完全镜像，从而体现安全性好、技术简单、管理方便等优点。RAID1 拥有完全容错的能力，但实现成本高。RAID1 适用于对顺序读写性能要求高及对数据保护极为重视的应用，如对邮件系统的数据保护。

（3）RAID2。

RAID2 被称为纠错海明码磁盘阵列，其设计思想是利用海明码实现数据校验冗余。海明码是一种在原始数据中加入若干校验码来进行错误检测和纠正的编码技术，其中第 2^n（1，2，4，8，…）位是校验码，其他位置是数据码。因此，在 RAID2 中，数据按位存储，每块磁盘存储一位数据编码，磁盘数量取决于所设定的数据存储宽度，可由用户设定。海明码自身具备纠错能力，因此，RAID2 可以在数据发生错误的情况下纠正错误，保证数据的安全性。它的数据传输性能相当高，设计复杂性要低于后面介绍的 RAID3、RAID4 和 RAID5。

但是，海明码的数据冗余开销太大，而且 RAID2 的数据输出性能受阵列中最慢磁盘驱动器的限制。另外，海明码是按位运算，RAID2 数据重建非常耗时。由于这些显著的缺陷，再加上大部分磁盘驱动器本身都具备纠错功能，因此，在实际中很少应用 RAID2，目前主流存储磁盘阵列均不提供 RAID2 支持。

（4）RAID3。

RAID3 是使用专用校验盘的并行访问阵列。它采用一个专用的磁盘作为校验盘，其余磁盘作为数据盘，数据按位存储的方式交叉存储到各个数据盘中。RAID3 至少需要 3 块磁盘，不同磁盘上同一带区的数据作 XOR 校验，校验值写入校验盘中。RAID3 完好时读性能与 RAID0 完全一致，并行从多个磁盘条带读取数据，性能非常高，同时具备数据容错能力。

但是，向 RAID3 写入数据时，必须计算与所有同条带的校验值，并将新校验值写入校验盘中。一次写操作包含写数据块、读取同条带的数据块、计算校验值、写入校验值等多个操作，系统开销非常大，性能较低。

（5）RAID4。

RAID4 与 RAID3 的原理大致相同，区别在于条带化的方式不同。RAID4 按照块的方式来组织数据，写操作只涉及当前数据盘和校验盘，多个 I/O 请求可以同时得到处理，提高了系统性能。RAID4 按块存储可以保证单块的完整性，避免受到其他磁盘上同条带产生的不利影响。

RAID4 提供了非常好的读性能，但单一的校验盘往往成为系统性能的瓶颈。对于写操作，RAID4 只能一个磁盘一个磁盘地写，并且还要写入校验数据，因此写性能比较差。而且随着成员磁盘数量的增加，校验盘的系统瓶颈将更加突出。正是由于以上这些限制和不足，RAID4 在实际应用中很少见，主流存储产品也很少使用 RAID4 保护。

（6）RAID5。

RAID5 应该是目前最常见的 RAID 等级，它的原理与 RAID4 相似，区别在于校验数据分布在阵列中的所有磁盘上，而没有采用专门的校验磁盘。对于数据和校验数据，它们的写操作可以同时发生在完全不同的磁盘上。因此，RAID5 不存在 RAID4

中并发写操作时可能存在的校验盘性能瓶颈问题。另外，RAID5 还具备很好的扩展性。当阵列磁盘数量增加时，并行操作量的能力也随之增加，比 RAID4 支持更多的磁盘，从而拥有更高的容量及更高的性能。

RAID5 兼顾存储性能、数据安全和存储成本等各方面因素，它可以理解为 RAID0 和 RAID1 的折中方案，是目前综合性能最佳的数据保护解决方案。RAID5 基本上可以满足大部分的存储应用需求，数据中心大多用它作为应用数据的保护方案。

（7）RAID6。

前面所述的各个 RAID 等级都只能保护因单个磁盘失效而造成的数据丢失。如果两个磁盘同时发生故障，数据将无法恢复。RAID6 引入双重校验的概念，阵列中同时出现两个磁盘失效时，它可以保证阵列仍能够继续工作，不会发生数据丢失。RAID6 等级是在 RAID5 的基础上为了进一步增强数据保护而设计的一种 RAID 方式，它可以看作是一种扩展的 RAID5 等级。

RAID6 不仅要支持数据的恢复，还要支持校验数据的恢复，因此实现代价很高，控制器的设计也比其他等级更复杂更昂贵。

（8）RAID 组合等级。

标准 RAID 等级各有优势和不足。自然地，我们想到把多个 RAID 等级组合起来，实现优势互补，弥补各自的不足，从而在性能、数据安全性等指标上达到更高的级别。目前在业界和学术研究中提到的 RAID 组合等级主要有 RAID00、RAID01、RAID10、RAID100、RAID30、RAID50、RAID53、RAID60，但实际得到较为广泛应用的只有 RAID01 和 RAID10 两个等级。当然，组合等级的实现成本一般都非常昂贵，只是在少数特定场合应用。

主流 RAID 等级技术对比如表 3-1 所示。

表 3-1　主流 RAID 等级技术对比

RAID 等级	RAID0	RAID1	RAID3	RAID5	RAID6	RAID10
别名	条带	镜像	专用奇偶校验条带	分布奇偶校验条带	双重奇偶校验条带	镜像加条带
容错性	无	有	有	有	有	有
冗余类型	无	有	有	有	有	有
热备份选择	无	有	有	有	有	有
读性能	高	低	高	高	高	高
随机写性能	高	低	低	一般	低	一般
连续写性能	高	低	低	低	低	一般
需要磁盘数	$n \geq 1$	$2n(n \geq 1)$	$n \geq 3$	$n \geq 3$	$n \geq 4$	$2n(n \geq 2) \geq 4$
可用容量	全部	50%	$(n-1)/n$	$(n-1)/n$	$(n-2)/n$	50%

二、网络存储技术

随着计算机网络技术的飞速发展，各种网络服务器对存储的需求也随之增加，但由于企业规模不同，对网络存储的需求也有所不同。选择不合适的网络存储技术，往往会使得企业在网络建设中盲目投资不需要的设备，或者造成企业的网络性能差，影响企业信息化发展，因此企业选择和使用适当的专业存储方式是非常重要的。目前高端服务器所使用的专业存储方案有 DAS、NAS、SAN、iSCSI 等，这几种专业的存储方案使用 RAID 阵列为企业提供了高效安全的存储空间。

（一）直接附加存储（DAS）

直接附加存储（Direct Attached Storage，DAS）是指将存储设备通过 SCSI 接口直接连接到一台服务器上使用。DAS 购置成本低，配置简单，使用过程和使用本机硬盘并无太大差别，仅仅需要服务器的一个外接的 SCSI 口，因此对于小型企业很有吸引力。

DAS 也存在诸多问题：

（1）服务器本身容易成为系统瓶颈。

（2）服务器发生故障时，数据不可访问。

（3）对于存在多个服务器的系统来说，设备分散，不便于管理；同时有多台服务器使用 DAS 时，存储空间不能在服务器之间动态分配，可能造成相当一部分的资源浪费。

（4）数据备份操作复杂。

（二）网络附加存储（NAS）

网络附加存储（Network Attached Storage，NAS）是一种带有瘦服务器的存储设备。这个瘦服务器实际是一台网络文件服务器。NAS 设备直接连接到 TCP/IP 网络上，网络服务器通过 TCP/IP 网络存取和管理数据。NAS 作为一种瘦服务器系统，易于安装和部署，管理和使用也很方便。另外，由于可以允许客户机不通过服务器直接在 NAS 中存取数据，因此对服务器来说，可以减少系统开销。NAS 为异构平台使用统一存储系统提供了解决方案。由于 NAS 只需要在一个基本的磁盘阵列柜外增加一套瘦服务器系统，对硬件要求很低，软件成本也不高，甚至可以使用免费的 Linux 解决方案，成本只比直接附加存储略高。

NAS 存在的主要问题如下：

（1）由于存储数据通过普通数据网络传输，因此易受网络上其他流量的影响，当网络上有其他大数据流量时会严重影响系统性能。

（2）由于存储数据通过普通数据网络传输，因此容易产生数据泄漏等安全问题。

（3）存储只能以文件方式访问，而不能像普通文件系统一样直接访问物理数据块，因此会在某些情况下严重影响系统效率，比如大型数据库就不能使用 NAS。

（三）存储区域网（SAN）

存储区域网（Storage Area Network，SAN）是一种专门为存储建立的独立于 TCP/IP 网络之外的专用网络。目前一般的 SAN 提供 2~4 Gb/s 的传输速率，同时 SAN 网络独立于数据网络存在，因此存取速度很快。另外，SAN 一般采用高端的 RAID 阵列，使 SAN 的性能在几种专业存储方案中傲视群雄。由于 SAN 基础是一个专用网络，因此扩展性很强，不管是在一个 SAN 系统中增加一定的存储空间还是增加几台使用存储空间的服务器都非常方便。通过 SAN 接口的磁带机，SAN 系统可以方便高效地实现数据的集中备份。

但是，SAN 也存在一些缺点：

（1）价格昂贵，不论是 SAN 阵列柜还是 SAN 必需的光纤通道交换机，价格都是十分昂贵的，就连服务器上使用的光通道卡的价格也不太容易被小型商业企业所接受。

（2）需要单独建立光纤网络，异地扩展比较困难。

（四）Internet 小型计算机系统接口（iSCSI）

iSCSI（Internet Small Computer System Interface）利用普通的 TCP/IP 网来传输本来用存储区域网来传输的 SCSI 数据块。iSCSI 的成本相对 SAN 来说要低不少。随着千兆网的普及，万兆网也逐渐成为主流，使 iSCSI 的速度相对 SAN 来说并没有太大的劣势。

iSCSI 目前存在的主要问题如下：

（1）属于新兴的技术，提供完整解决方案的厂商较少，对管理者技术要求高。

（2）通过普通网卡存取 iSCSI 数据时，解码成 SCSI 需要 CPU 进行运算，增加了系统性能开销；如果采用专门的 iSCSI 网卡，虽然可以减少系统性能开销，但会大大增加成本。

（3）使用数据网络进行存取，存取速度冗余受网络运行状况的影响。

三、XenServer 存储库

（一）XenServer 存储库的概念

XenServer 存储库（Storage Repository，SR）是一种特殊的存储容器，用于存储虚拟机的磁盘镜像（Virtual Disk Image，VDI）。VDI 是一个表示虚拟硬盘的存储对象。存储库（SR）不仅可以支持本地的 IDE、SATA、SCSI 和 SAS 硬盘，还支持高级的iSCSI、NFS、HBA 硬件卡、光存储网络等，功能强大。

存储库是磁盘上一个永久性的数据结构。对于使用基本块的 SR，创建新 SR 的过程包括清除指定存储目标上所有现有数据；对于使用 NFS 等其他类型的 SR，则会在与现有 SR 平行的存储库上创建一个新容器。每台 XenServer 服务器可以同时使用多个不同类型的 SR，可以在服务器之间共享这些 SR，也可以指定用于特定的某个服务器。如果是共享的存储，则需要将此 SR 加入一个已经定义的资源池中（资源池在后续说明），并且由该资源池内的多个服务器共用。每个服务器必须通过网络才能访问和共享 SR。

下面我们来解释一下 XenServer 存储相关的专业术语。

（1）虚拟磁盘镜像（VDI）：是一个表示虚拟硬盘的存储对象，是 XenServer 中虚拟化存储的基本单元。VDI 是磁盘上的持久对象，独立于 XenServer 而存在。

（2）物理块设备（PBD）：表示物理服务器与连接的 SR 之间的接口。PBD 是连接器对象，允许给定的 SR 映射到 XenServer 服务器。PBD 会存储一些设备配置的相关字段，用于给定的存储目标进行连接和通信。

（3）虚拟块设备（VBD）：用于在 VDI 和虚拟机之间进行映射的连接器对象。VBD 还可用于微调 VDI 的统计数据、服务质量（QoS）和可引导性参数等。

图 3-1 说明了以上三种对象之间的关系。

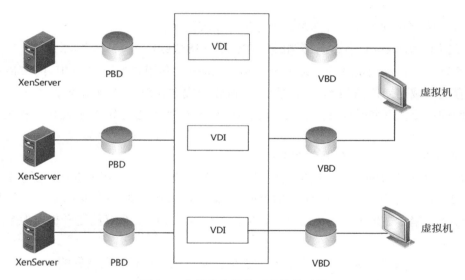

图 3-1　存储库和相关对象的关系图

（二）XenServer 存储库类型

XenServer 存储库主要由本地存储库和网络存储库组成。

1. 本地存储库

本地存储库主要有三种：本地 LVM（逻辑卷管理）、本地 EXT3（第三代扩展文件系统）、udev（Linux 设备管理器）。

本地 LVM 表示磁盘处于一个本地连接的卷组中（SATA、SAS、IDE、RAID 阵列卡等接口），默认情况下，XenServer 使用本地磁盘安装本身的系统。

本地 EXT3 的最大特点是，它会将整个磁盘的写入动作完整记录在磁盘的某个区域上，以便有需要时可以回溯追踪。

udev 是源自 Linux 系列的设备管理器，它的主要功能是管理 udev 目录下的设备

节点，如物理服务器上的 CD 或 DVD 驱动、U 盘等设备。插入设备，代表介质的 VDI
出现；移除光盘或 U 盘，VDI 消失。

2. 网络存储库

XenServer 支持的网络存储库主要有七种，如表 3-2 所示。

表 3-2　XenServer 支持的网络存储库类型

网络存储库类型	主要功能
NFS	以 NFS 网络传输协议传输数据的软件加硬件的存储器，虚拟机镜像以精简设备的 VHD 格式文件存储在共享的 NFS 文件夹中
软件 iSCSI	通过 iSCSI 与 SAN 连接的共享逻辑卷管理器，系统通过使用 Open-iSCSI 软件发起程序，使用受支持的 iSCSI 主机总线适配器来支持 iSCSI 硬件
SMB/CIFS	SMB 是常见的 Linux/Windows 共享文件的形式，可以作虚拟磁盘的存储库，虚拟机磁盘镜像作为精简设备的 VHD 文件存储在 SMB 共享文件夹中
软件 FCoE	软件 FCoE（Fibre Channel over Ethernet，以太网网络封装光纤通道）使用标准框架，获得与硬件 FCoE 相同的优势
硬件 HBA	硬件 HBA（光纤通道卡），通过 HBA 连接到光纤通道，或 FCoE 通道
Windows 文件共享	Windows 共享文件夹的方式
NFS ISO	以 NFS ISO 共享的方式

任务实施

在了解了常见的按硬件接口区分的本地存储库和网络存储库之后，我们来了解并
掌握一种基于 TCP/IP 网络的远程文件访问技术——网络文件系统（Network File Sys-
tem，NFS）。

NFS 是文件系统上的一个网络抽象，允许远程客户端以与本地文件系统类似的方
式通过网络来进行访问。NFS 已经发展并演变成 UNIX/Linux 系统中最强大、使用最
广泛的网络文件系统。NFS 允许在多个用户之间共享公共文件系统，并具有数据集中
的优势，可最小化所需的存储空间。NFS 系统的示意图如图 3-2 所示。

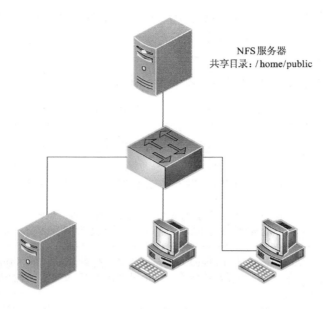

NFS服务器
共享目录：/home/public

NFS客户端
将共享目录：/home/public
挂载到本地目录：/home/mypublic

图3-2　NFS 系统示意图

1. 在 CentOS 6.5 和 CentOS 7.0 中安装 NFS 服务

要部署 NFS 服务，必须安装下面两个软件包：nfs-utils（NFS 主程序）和 rpcbind（PRC 主程序）。

首先将 CentOS 6.5 的系统盘挂载到 CDROM（或 ISO 虚拟系统盘），并设置 yum 源指向该安装源。

接下来使用 yum 安装 nfs-utils：

```
#yum install nfs-utils
```

再安装 rpcbind 服务：

```
#yum install rpcbind
```

再配置 NFS 服务器（假设服务器所在的网络地址段为 192.168.62.0/24，服务器对外共享的目录为/opt/public）：vi/etc/exports；添加行：/opt/public 192.168.62.0/24（rw，no_ root_ squash），该行表明本机的/opt/public 这个目录为 NFS 共享目录，可访问的 IP 地址区间为 192.168.62.0—192.168.62.254，权限为可读写，当访问者为 root 用户时访问该目录具有 root 权限。

最后，完成配置，重启 NFS 服务并且设置 NFS 开机自动启动：

```
#service nfs restart
#chkconfig nfs on
```

服务器本地验证 NFS 服务是否正常（假设服务器的地址为 192.168.62.45）：

```
#showmount-e 192.168.62.45
```

显示如下：

```
Export list for 192.168.62.45：
/opt/public 192.168.62.0/24
```

表示可以访问。若不可访问，则查看 NFS 服务是否启用，防火墙是否允许通过，或者通过如下命令关闭防火墙：

```
CentOS 6.5：
#service iptables stop
CentOS 7.0：
#systemctl stop firewalld
```

2. 在客户端使用 NFS 共享文件夹

NFS 的客户端可以是任何支持 NFS 的操作系统，以 CentOS 为例，客户端的使用如下。

首先创建一个用于同步 NFS 服务器共享目录的本地目录，并挂载成为 NFS 目录：

```
#mkdir/opt/mypublic
#mount-t nfs 192.168.62.45：/opt/public//opt/mypublic/
```

这样，本地目录/opt/mypublic/即成为与网络共享目录同步的文件夹，可以像访问本地目录一样访问 NFS 网络共享目录。假设 NFS 服务器的/opt/public 目录中有文件 hello.txt，在客户端查看本地目录/opt/mypublic 的结果如下：

```
#ls/opt/mypublic/
hello.txt
```

若文件夹的属性为可写，则可以在客户端对文件进行修改，修改的结果直接在服务器端生效。

任务拓展

　　网络文件系统（NFS），是由 Sun Microsystems 公司研制的 UNIX 表示层协议（Pr-essentation layer protocol）。用户通过 NFS 访问网络上其他文件，就像在使用自己的计算机一样。

　　NFS 自 1984 年问世以来持续在演变，并已成为分布式文件系统的基础。当前，NFS（通过 pNFS 扩展）通过网络对分布的文件提供可扩展的访问。

　　第一个网络文件系统称为 File Access Listener，由 Digital Equipment Corporation（DEC）于 1976 年开发。Data Access Protocol（DAP）的实施是 DECnet 协议集的一部分。比如 TCP/IP，DEC 为其网络协议发布了协议规范，包括 DAP。

　　NFS 是第一个现代网络文件系统（构建于 IP 协议之上）。在 20 世纪 80 年代，它首先作为实验文件系统，由 Sun Microsystems 公司在内部完成开发。NFS 协议已归档为 Request For Comments（RFC）标准，并演化为大家熟知的 NFSv2。作为一个标准，NFS 借助于与其他客户端和服务器的互操作能力而快速发展。

　　NFSv2 标准持续地演化为 NFSv3，并在 RFC 1813 中有定义。这一新的协议比以前的版本具有更好的可扩展性，支持大文件（超过 2 GB），异步写入，以及将 TCP 作为传输协议，因而可使文件系统在更广泛的网络中使用。2000 年，RFC 3010（由 RFC 3530 修订）将 NFS 带入企业设置。Sun Microsystems 公司引入了具有较高安全性、带有状态协议的 NFSv4（NFS 之前的版本都是无状态的）。NFS 的版本是 4.1（由 RFC 5661 定义），它增加了对跨越分布式服务器的并行访问的支持（称为 pNFS extension）。

　　NFS 已历经了 30 多年的发展。它代表了一个非常稳定的、具有可移植性、可扩展性的高性能网络文件系统，并达到了企业级质量。由于网络速度的提高和延迟的降低，NFS 成为通过网络提供文件系统服务较有吸引力的选择。甚至在本地网络设置中，虚拟化驱动存储进入网络以支持更多的移动虚拟机。NFS 甚至支持最新的计算模型，以优化虚拟的基础设施。

项目实训　搭建 NFS 文件服务器

【实训任务】

完成 NFS 服务器的搭建与客户端的验证。

【实训目的】

● 理解网络文件系统的概念。

- 掌握 NFS 服务器的搭建技能。
- 掌握 NFS 客户端的验证技能。

【实 训 内 容】

（1）使用一台虚拟机安装 CentOS 6.5 或 CentOS 7.0 服务器，配置 yum 源，并安装 NFS 相关服务（nfs-utils、rpcbind）。

（2）创建共享文件夹为/opt/public，根据服务器的地址，配置 NFS 共享的文件夹名和可访问的地址段、文件夹的读写权限。

（3）使用另一台虚拟机安装 CentOS 6.5 或 CentOS 7.0，作为客户端，配置 yum 源，在客户端安装 NFS 组件：nfs-utils。

（4）配置客户端地址和服务器为同一网段，并创建准备挂载 NFS 共享文件夹的本地文件夹为/opt/mypublic。

（5）通过挂载命令 mount，挂载 NFS 共享文件夹，并验证是否可以读写。

任务 2　创建和使用虚拟磁盘存储库

任务陈述

XenServer 系统中，为支持自身系统、外部安装源或大量虚拟机，需要使用本地存储和外部存储。在了解 XenServer 存储库类型的基础上，本任务将介绍存储库的创建和使用技能，学习创建和使用虚拟磁盘存储库。

知识准备

Citrix XenServer 7.6 支持的基于网络的存储库可以分为用于存放虚拟磁盘镜像的虚拟磁盘存储库和用于存放共享 ISO 的存储库。通过新建存储库的菜单，可以查看所有支持的类型，分别为 iSCSI、HBA、软件 FCoE、NFS，如图 3-3 所示。

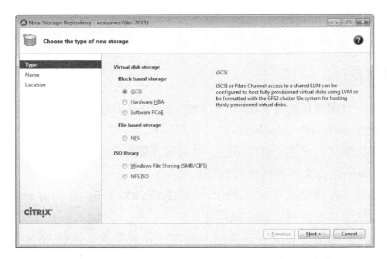

图 3-3 Citrix XenServer 7.6 支持的基于网络的存储库类型

本任务通过 XenCenter 连接和管理 XenServer，创建三种常见的基于网络的存储库，分别为 NFS 存储库、软件 iSCSI 存储库和 HBA 存储库。

1. 创建 NFS 存储库

（1）通过 XenCenter 连接到 XenServer，执行"Storage"→"New SR"命令，弹出如图 3-3 所示的创建向导。也可直接在工具栏上单击"New Storage"按钮或用鼠标右击服务器图标，在弹出的快捷菜单中执行"New SR"命令。

（2）在"File based storage"下选中"NFS"单选按钮，如图 3-4 所示，单击"Next"按钮。

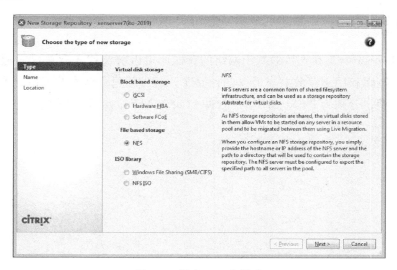

图 3-4 创建 NFS 存储库

（3）为 NFS 存储库命名，如 NFS Virtual Disk SR，如图 3-5 所示。

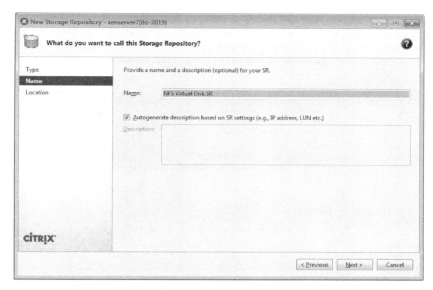

图 3-5　为 NFS 存储库命名

（4）输入 NFS 服务器地址及共享名，并选择 NFS 的版本，如图 3-6 所示。若已经存在 NFS 存储库，则可以选择替换，否则只能新建。单击 "Finish" 按钮。

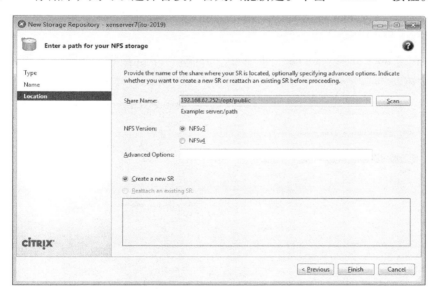

图 3-6　输入 NFS 服务器地址及共享名

（5）在 XenServer 视图下，可以看到名为 "NFS Virtual Disk SR" 的 NFS 存储库。图 3-7 显示了 XenServer 服务器连接到 NFS 存储库查看到的信息。单击 "Properties" 按钮可以查看和更改存储库的信息。

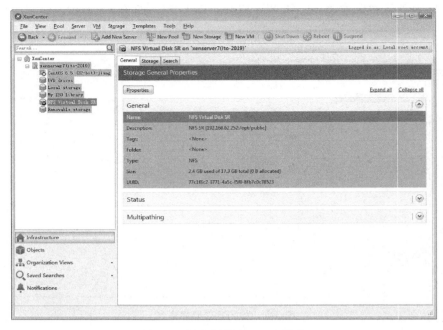

图 3-7　创建完成的 NFS 存储库

2. 创建软件 iSCSI 存储库

（1）通过 XenCenter 连接到 XenServer，执行"Storage"→"New SR"命令，弹出创建向导。

（2）在"Bock based storage"下选中"iSCSI"单选按钮，如图 3-8 所示，单击"Next"按钮。

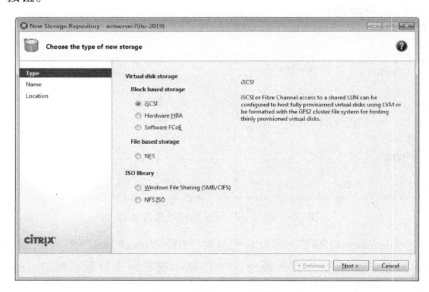

图 3-8　创建 iSCSI 存储库

（3）为 iSCSI 存储库命名，如 iSCSI VDS，如图 3-9 所示。

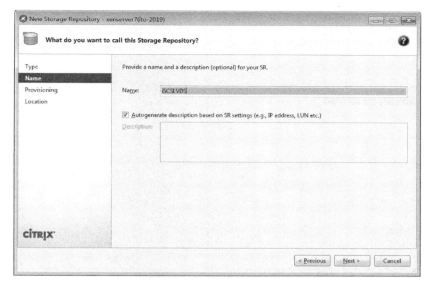

图 3-9　为 iSCSI 存储库命名

（4）选择 iSCSI 的配置方式：选中"Thin provisioning"单选按钮表示精简配置；选中"Full provisioning"单选按钮表示完全配置，如图 3-10 所示，单击"Next"按钮。

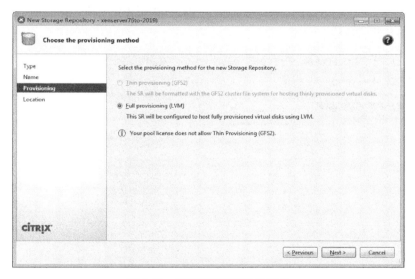

图 3-10　iSCSI 存储库配置模式

（5）输入 iSCSI 网络连接的地址或主机名，如图 3-11 所示。输入地址后，可单击"Scan Target Host"按钮，如果输入无误，则会显示当前可用的 iSCSI 存储目标，选择出现的可用列表，单击"Finish"按钮。创建完成后，可在 XenServer 服务器视图下查看当前 iSCSI 存储库的信息。单击"Properties"可以查看和更改存储库的信息。

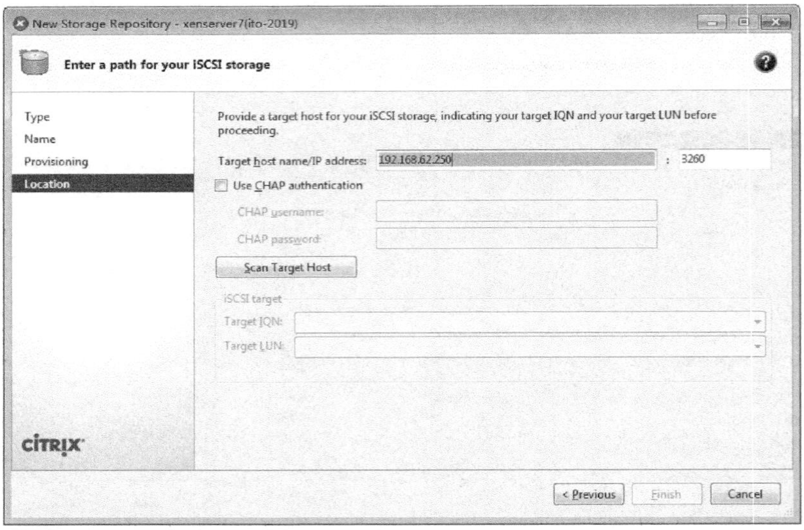

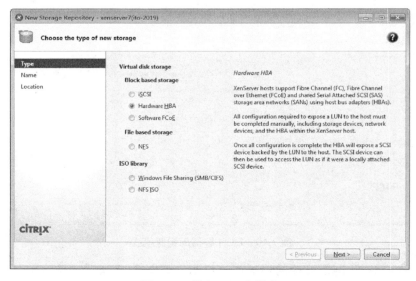

图 3-11　输入 iSCSI 网络连接地址

3. 创建 HBA 存储库

（1）通过 XenCenter 连接到 XenServer，执行"Storage"→"New SR"命令，弹出创建向导。

（2）在"Block based storage"下选中"Hardware HBA"单选按钮，如图 3-12 所示，单击"Next"按钮。

图 3-12　创建 HBA 存储库

（3）为 HBA 存储库命名，如 Hardware HBA VDS，如图 3-13 所示。

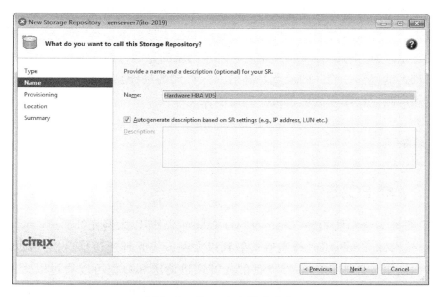

图 3-13　**为** HBA **存储库命名**

（4）选择 HBA 的配置方式：选中"Thin provisioning"单选按钮表示"精简配置"；选中"Full provisioning"单选按钮表示完全配置，如图 3-14 所示，单击"Next"按钮。

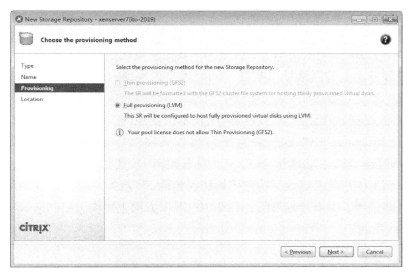

图 3-14　HBA **存储库配置模式**

（5）XenServer 检测当前可用的 HBA，显示当前可用的 HBA 存储库，确认位置后，单击"Finish"按钮。如果出现警告"磁盘将会被格式化"，则单击"是"按钮，返回服务器管理界面后查看添加的 HBA 存储库。单击"Properties"可以查看和更改存储库的信息。

各类虚拟磁盘存储库创建完成后，可以用来存放新建虚拟机的磁盘镜像文件。对于虚拟机来说，它本身并不关心虚拟磁盘是存储在本地磁盘还是网络磁盘。考虑到本地磁盘的容量限制和可靠性维护的难度，基于网络的存储方式在容量、可靠性、灵活性方面有较大的优势，唯一的缺点是降低一点存储的性能。在后续虚拟机的创建中，我们将使用网络存储库存放虚拟机的磁盘镜像文件。

任务拓展

一、了解 FCoE

FCoE 的英文全称是 Fibre Channel over Ethernet，即以太网光纤通道。

FCoE 技术标准可以将光纤通道映射到以太网，将光纤通道信息插入以太网信息包内，从而使服务器的 SAN 存储设备的光纤通道请求和数据可以通过以太网连接来传输，而无须专门的光纤通道结构就可以在以太网上传输 SAN 数据。FCoE 允许在一根通信线缆上传输 LAN 和 FC-SAN 通信，融合网络可以支持 LAN 和 SAN 数据类型，减少数据中心设备和线缆数量，降低供电和制冷负载，收敛成一个统一的网络后，需要支持的点也随之减少，有助于降低管理成本。它能够为客户在现有投资（如 FC-SAN 的各种工具、员工的培训、已建设的 FC-SAN 设施及相应的管理构架）的基础上，提供一种以 FC 存储协议为核心的 I/O 整合方案。

当前的 FCoE 技术标准提案可以使用任何速度的网卡，但需要网卡支持 802.3x PAUSE 机制。FCoE 面向的是 10 Gb 以太网，其优点是在维持原有服务的基础上，可以大幅减少服务器上的网络接口数量（同时减少了电缆，节省了交换机端口和管理员需要管理的控制点数量），从而降低了功耗，方便管理。此外，它还提高了系统的可用性。FCoE 是通过增强的 10 Gb 以太网技术来实现的，通常称之为数据中心桥接（Data Center Bridging，DCB）或融合增强型以太网（Converged Enhanced Ethernet，CEE），使用隧道协议，如 FCiP 和 iFCP 传输长距离 FC 通信。但 FCoE 是一个二层封装协议，本质上使用的是以太网物理传输协议传输 FC 数据。最近在以太网标准方面也取得了一些进展，并有计划增强，如在 10 Gb 以太网上提供无损网络特征，进一步推动 FCoE 的发展。

二、了解 LVM

逻辑卷管理器（Logical Volume Manager，LVM），本质上是一个虚拟设备驱动，是在内核中块设备和物理设备之间添加的一个新的抽象层次。它可以将几块磁盘或物理卷（Physical Volume）组合起来形成一个存储池或卷组（Volume Group）。LVM 每次可以从卷组中划分出不同大小的逻辑卷（Logical Volume）创建新的逻辑设备。底层的原始磁盘不再由内核直接控制，而由 LVM 层来控制。对于上层应用来说，卷组替代了磁盘块成为数据存储的基本单元。LVM 管理着所有物理卷的物理盘区，维持着逻辑盘区和物理盘区之间的映射。LVM 逻辑设备向上层应用提供了和物理磁盘相同的功能，如文件系统的创建和数据的访问等。但 LVM 逻辑设备不受物理约束的限制，逻辑卷不必是连续的空间，它可以跨越许多物理卷，并且可以在任何时候任意调整大小。与物理磁盘相比，LVM 更易于磁盘空间的管理。

项目实训　创建虚拟磁盘存储库

【实训任务】

创建 NFS 存储库。

【实训目的】

- 了解 XenServer 虚拟磁盘存储库的用途。
- 掌握 XenServer 虚拟磁盘存储库的类型。
- 掌握 XenServer 虚拟磁盘存储库的创建和查看的技能。

【实训内容】

（1）用任务 2 创建的 NFS 服务器作为虚拟磁盘存储库，检查 NFS 服务器的可用性。

（2）通过 XenCenter 工具，连接到 XenServer 服务器，并创建 NFS 存储库，将存储库命名为 NFS VDS。

（3）查看创建的虚拟磁盘存储库的详细信息。

（4）尝试创建其他类型的虚拟磁盘存储库，并分析当前系统具备哪些存储条件。

任务 3　创建和使用 ISO 存储库

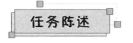
任务陈述

XenServer 系统将管理大量虚拟机，虚拟机需要进行安装，而安装所需的介质分为物理光盘和虚拟光盘（ISO）。一般一台物理服务器最多配置一个物理光驱，并且物理光驱的速度较慢，当需要安装大量虚拟机时，必须选择更快速便捷的方式。ISO 存储库可以把所有常用的 ISO 文件放到网络共享路径中，通过创建 ISO 存储库，为

XenServer 的使用提供方便。

本任务将学习 ISO 存储库的创建，并了解 ISO 存储库的用途。

知识准备

ISO 文件是光盘的镜像文件，刻录软件可以直接把 ISO 文件刻录成可安装的系统光盘。ISO 文件一般以 iso 为扩展名，其文件格式为 ISO 9660。ISO 9660，也被一些硬件和软件供应商称作 CDFS（光盘文件系统），是一个由国际标准化组织（ISO）为光盘媒介发布的文件系统。其目的是能够在不同的操作系统，如 Windows、Mac OS 及类 UNIX 系统上交换数据。

ISO 存储库处理以 ISO 文件格式存放的 CD/DVD 镜像。ISO 存储库也可以理解为一个文件夹的快捷方式，一个特殊的共享文件夹，XenServer 及其管理的虚拟机都可以直接访问，从而节省访问时间，实现文件共享。

XenServer 支持两种类型的 ISO 存储库：

（1）Windows 文件共享，是以 ISO 文件格式存储并且为 Windows 共享提供的 CD/DVD 镜像。

（2）NFS ISO 存储，是以 ISO 文件格式存放且为 NFS 共享提供的 CD/DVD 镜像。

任务实施

本任务将引导大家创建 Windows 文件共享的 ISO 存储库和基于 NFS 的 ISO 存储库。

1. 创建 Windows 文件共享 ISO 存储库

（1）使用一台 Windows 服务器作为 ISO 存储库所在的文件服务器，设置某个文件夹为共享，并且将常用的 ISO 放入此文件夹中，如图 3-15 所示。

注意 此 Windows 系统应设置用户名和密码。

（2）通过 XenCenter 连接到 XenServer，执行"Storage"→"New SR"命令，弹出创建向导，选中"File based storage"下的"Windows File Sharing"单选按钮，如图 3-16 所示，单击"Next"按钮。

图 3-15　创建 Windows 共享文件夹

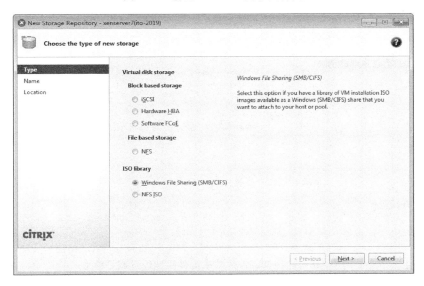

图 3-16　创建 Windows 文件共享 ISO 存储库

（3）为 Windows 文件共享存储库命名，如 SMB ISO library，如图 3-17 所示，单击"Next"按钮。

（4）输入 Windows 共享文件夹的路径，如果 Windows 系统设置了账号和密码，则勾选账号信息，输入用户名和密码，如图 3-18 所示，单击"Finish"按钮。

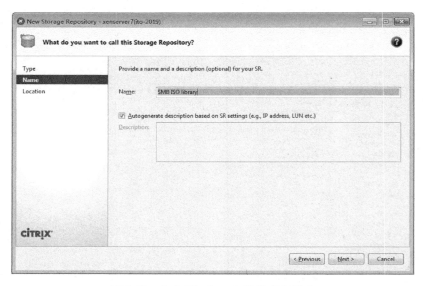

图 3-17　命名 Windows 文件共享存储库

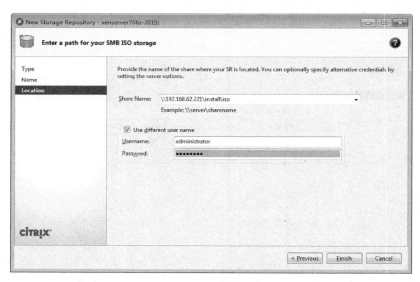

图 3-18　输入 Windows 共享文件夹地址及账号信息

（5）查看已经创建成功的 Windows 文件共享存储库（SMB ISO library），如图 3-19 所示。

（6）单击"Properties"查看详细信息或修改名称、描述等信息，如图 3-20 所示。

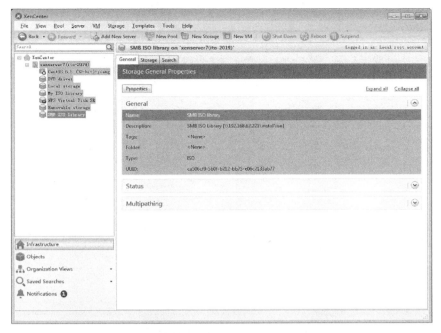

图 3-19 查看创建成功的 Windows 文件共享存储库

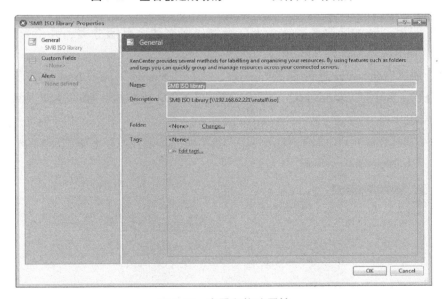

图 3-20 查看和修改属性

创建完成后，该 Windows 文件共享存储库可供 XenServer 或其管理的任何虚拟机访问，可以使用该文件夹中的所有 ISO 文件，如图 3-21 所示。

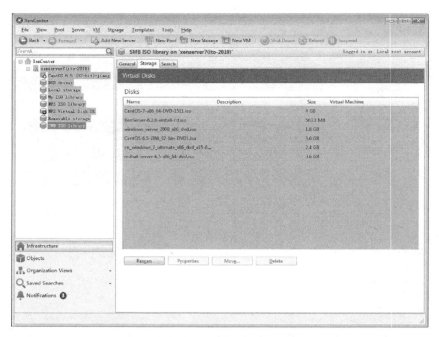

图 3-21　存储库内可用的 ISO 文件

2. 创建 NFS ISO 存储库

（1）使用一台 NFS 服务器作为 ISO 存储库所在的文件服务器，并将常用的 ISO 放入此文件夹中。

（2）通过 XenCenter 连接到 XenServer，执行"Storage"→"New SR"命令，弹出创建向导，选中"ISO library"下的"NFS ISO"单选按钮，如图 3-22 所示，单击"Next"按钮。

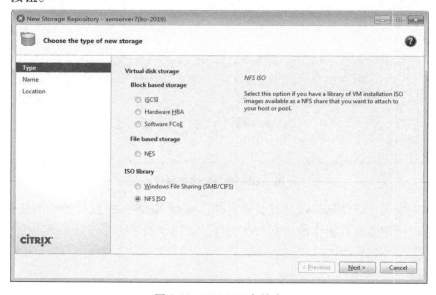

图 3-22　NFS ISO 存储库

（3）为 NFS ISO 存储库命名，如 NFS ISO library，并选中下面的复选框，如图 3-23所示，单击"Next"按钮。

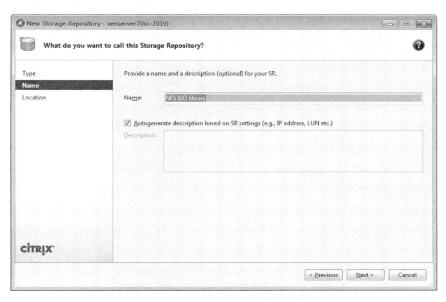

图 3-23 为 NFS ISO 存储库命名

（4）输入 NFS 共享文件夹的路径，并选择 NFS 的版本，如图 3-24 所示，单击"Finish"按钮。

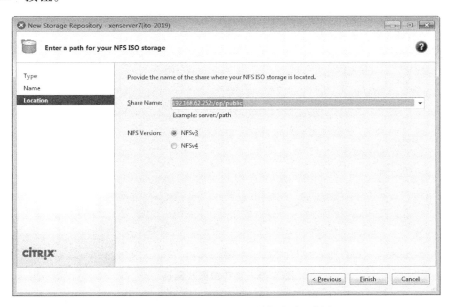

图 3-24 输入 NFS 共享文件夹地址及版本

（5）查看创建成功的 Windows 共享存储库（NFS ISO library），如图 3-25 所示。

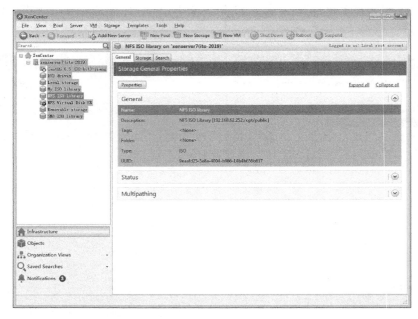

图 3-25　查看创建成功的 NFS ISO 存储库

（6）单击"Properties"，查看详细信息或修改名称、描述等信息，如图 3-26 所示。

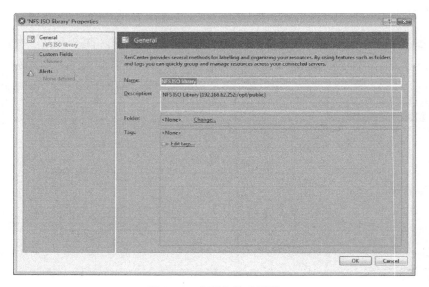

图 3-26　查看和修改属性

创建完成后，该 NFS 共享存储库可供 XenServer 或其管理的任何虚拟机访问，可以使用该文件夹中的所有 ISO 文件。

任务拓展

一、基于 SMB 创建 Windows 共享 ISO 存储库

Windows 共享 ISO 存储也可以使用 CentOS SMB 服务器替代，本任务先引导大家创建 CentOS 的 SMB 服务，然后把 ISO 虚拟光盘复制到 SMB 共享文件夹中，以供 XenServer 作为 ISO 存储库使用。

（1）在 CentOS 中配置 Samba 服务，并且设置共享文件夹为"只读"。

（2）新建 Windows 文件共享 ISO 库，并设置共享文件夹的地址为 Samba 服务器的地址及目录。

（3）验证、查看创建的 ISO 库中是否显示 Samba 共享文件夹中存在的 ISO 文件。

二、删除 XenServer 存储库

创建后，如果要删除存储库，则可以按以下步骤操作。

（1）右击对应的存储库，或执行"Storage"→"Detach"命令，并在弹出的对话框中单击"Yes"按钮，如图 3-27 所示。

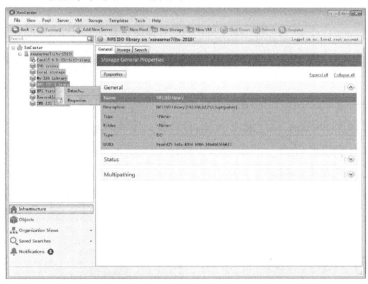

图 3-27 分离存储库

（2）分离后，存储库的状态如图 3-28 所示。分离时，存储设备和服务器之间的关联会断开，存储库的磁盘将无法访问，但是虚拟磁盘的内容将会保留。存储库只是临时处于脱机状态，并且可以对分离的 SR 进行重新连接，即"Repair"（修复）。

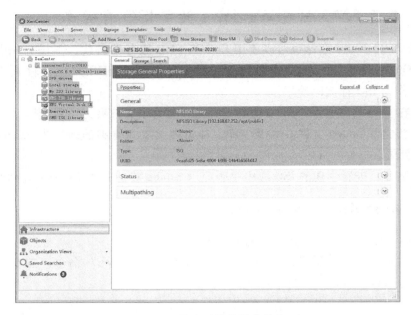

图 3-28　分离后的存储库状态

（3）再右击处于分离状态的存储库，可以看到有三个可选菜单：Repair（修复）、Forget（忘记）和 Destroy（销毁）。

修复：指恢复刚才执行的分离操作。

忘记：删除 XenServer 和存储库的连接关系，不在 XenServer 视图中显示。该 SR 上虚拟磁盘的内容将会保留，但是用来将虚拟机连接到其中的虚拟磁盘的信息将被永久删除。忘记操作无法撤销。

销毁：销毁存储库时，用来将虚拟机连接到 SR 上的虚拟磁盘信息和基础虚拟磁盘本身都将被永久删除，该 SR 从 XenServer 视图中删除。销毁操作无法撤销。

项目实训　创建 ISO 存储库

【实训任务】

完成 NFS 虚拟磁盘存储库的创建和 Windows 共享 ISO 存储库的创建及验证。

【实训目的】

- 掌握 XenServer 常用的存储库的类型。

- 掌握创建 XenServer 虚拟磁盘存储库的技能。
- 掌握创建 XenServer Windows 共享文件 ISO 存储库的技能。

【实训内容】

（1）在 CentOS 服务器中安装 NFS 服务。

（2）在 XenServer 中创建 NFS 虚拟磁盘存储库并验证。

（3）在 Windows 系统中创建共享文件夹，并将若干 ISO 文件存放于此文件夹中。

（4）在 XenServer 中创建 Windows 共享文件 ISO 存储库并验证。

本单元详细介绍了各种存储技术，描述了 XenServer 支持的多种存储库及其用途，引导学习者进行 NFS 服务器的搭建、XenServer 虚拟磁盘存储库的创建、XenServer ISO 存储库的创建及验证，并对如何删除存储库进行了任务部署。

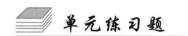

一、选择题

1. 下列属于本地存储的是（　　）。

A. DAS　　　　　　B. NAS　　　　　　C. SAN　　　　　　D. IDE

2. 下列不使用 TCP/IP 协议的存储机制是（　　）。

A. 软件 iSCSI　　　B. SAN　　　　　　C. NAS　　　　　　D. NFS

3. XenServer 支持的本地存储有（　　）。

A. NAS、SAN　　　　　　　　　　B. DAS

C. 本地 LVM、本地 EXT3、udev　　D. NFS、iSCSI

4. XenServer 支持的基于网络的存储库有（　　）。

A. NFS、软件 iSCSI、SMB、软件 FCoE

B. iSCSI、FCoE

C. IDE、ISO

D. SCSI、NAS、DAS

5. NFS 是（　　）。

A. 基于 TCP/IP 协议的网络文件系统

B. 光存储网络

C. 硬件存储机制

D. Windows 共享文件夹技术

6. Citrix XenServer 支持的虚拟磁盘存储库有（　　）。

A. iSCSI、HBA、软件 FCoE、NFS　　　B. FCoE、IDE

C. Windows 共享文件夹　　　　　　　　D. Samba 共享文件夹

7. 关于存储库，无法撤销的操作有（　　）。

A. 分离　　　　　　B. 修复　　　　　C. 忘记和销毁　　D. 连接

8. Citrix XenServer 常见的共享 ISO 存储库是（　　）。

A. Windows 共享文件 ISO 库和 NFS ISO 库

B. SMB

C. iSCSI

D. CD/DVD

二、简答题

1. 什么是存储库？XenServer 支持的存储库有哪几种类型？

2. 简述虚拟磁盘存储库的用途。

3. 简述 ISO 存储库的用途。

4. 如何删除 XenServer 存储库？哪些操作是不可撤销的？

单元 **4**

XenServer 网络管理

  学习目标

【知识目标】
- 了解虚拟网络的基本概念。
- 了解 NIC 和网络管理接口。

【技能目标】
- 能够添加和删除网络。
- 能够配置 NIC 和管理接口。

  引例描述

　　计算机类专业的小明同学已经学习了 XenServer 服务器的安装过程。经过这段时间的学习，他对计算机网络、服务器有了初步的认识。接下来老师要求他进一步了解虚拟网络的特点，并从两个方面开始实践。首先进行虚拟网络的配置，包括添加和删除；其次进行 NIC 的配置和接口管理。

任务 1　了解虚拟网络的添加和删除

任务陈述

　　每个托管服务器都有一个或多个网络，XenServer 网络是虚拟的以太网交换机，可以连接到外部接口，或者是单个服务器或池内部完全虚拟的网络。

在物理服务器上安装 XenServer 后，系统将为该服务器上的每个物理 NIC 创建一个网络。该网络在虚拟机上的虚拟网络接口（VIF）和与主机服务器上的网络接口卡（NIC）所关联的物理网络接口（PIF）之间起桥接作用，如图 4-1 所示。

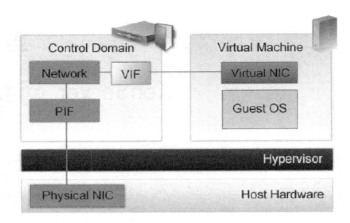

图 4-1　网络桥接示意图

将托管服务器移到资源池中，这些默认网络将合并，设备名相同的所有物理 NIC 都将连接到同一个网络。通常情况下，只有创建内部网络、使用现有 NIC 设置新 VLAN 或创建 NIC 绑定时才需要添加一个新网络。每个托管服务器最多可以配置 16 个网络，或者最多配置 16 个绑定的网络接口。

本任务将详细讲述虚拟网络的添加和删除方法，以及网络接口卡 NIC 的配置和管理。

知识准备

在 XenServer 内创建新网络时，有四种不同的物理（服务器）网络类型可以选择。

1. 单服务器专用网络

该网络类型属于内部网络，与物理网络接口没有关系，仅在指定服务器上的虚拟机之间提供连接，不与外部连接。

2. 跨服务器专用网络

该网络类型属于池级别的网络，在一个池中的各 VM 之间提供专用连接，但不与外部连接。

3. 外部网络

该类型的网络与物理网络接口关联，在 VM 与外部网络之间起到桥接作用，从而使 VM 能够通过服务器的物理网络接口卡连接外部资源。

4. 绑定网络

该网络类型的构成方式是将两个 NIC 绑定到一起，以创建连接 VM 与外部网络的高性能单一通道，可支持主动-主动和主动-被动两种绑定模式。

本任务是在 VMware 中架设 XenServer 服务器后进行网络的管理操作，主要是添加和删除网络。

1. 创建外部网络

（1）在资源窗格中选中托管服务器或池，切换到"Networking"选项卡，单击"Add Network"按钮，打开新建网络向导，如图 4-2 所示。

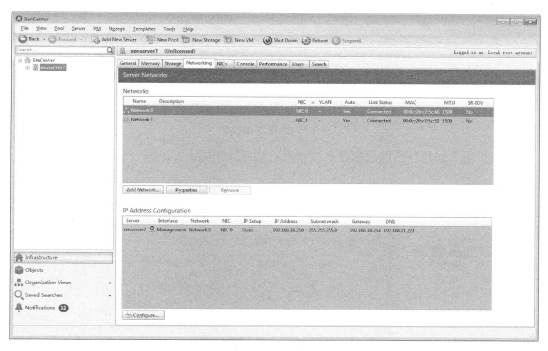

图 4-2 新建网络向导

（2）在新建网络向导的选择网络类型界面勾选网络类型，如"External Network"，单击"Next"按钮，如图 4-3 所示。

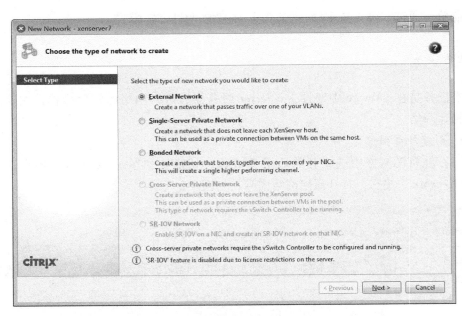

图 4-3 选择网络类型

（3）输入新建网络的名称和说明信息，如图 4-4 所示，单击"Next"按钮。

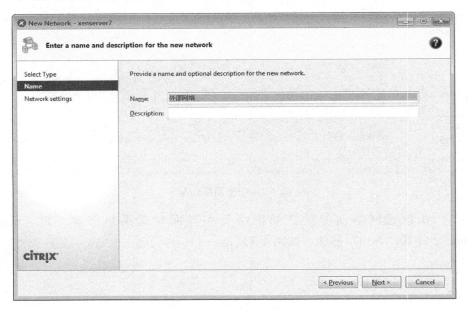

图 4-4 为新建网络命名

（4）在选择新网络的网络位置界面配置外部网络关联的 NIC（网卡）、VLAN 和 MTU（最大传输单元）设置，如图 4-5 所示。

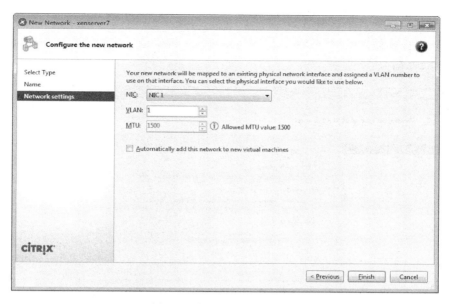

图 4-5　选择映射到物理接口

这里需要说明的是：

① 若要使用巨型帧，则须将最大传输单元（MTU）的值设置为介于 1 500 与 9 216 之间。

② 若要将新网络添加到使用新建 VM 向导创建的任何新 VM 中，则须勾选 "Automatically add this network to new virtual machines" 复选框。

（5）单击 "Finish" 按钮，关闭创建新网络向导，创建结果如图 4-6 所示。

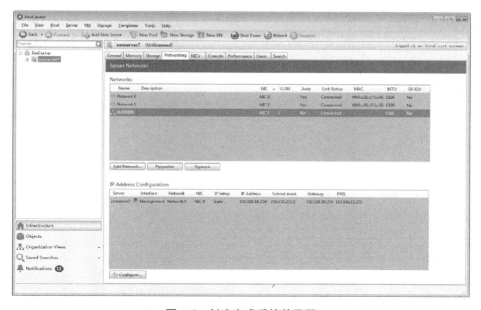

图 4-6　创建完成后的效果图

2. 创建单服务器专用网络

（1）选择要创建的网络类型为"Single-Server Private Network"，单击"Next"按钮，如图 4-7 所示。

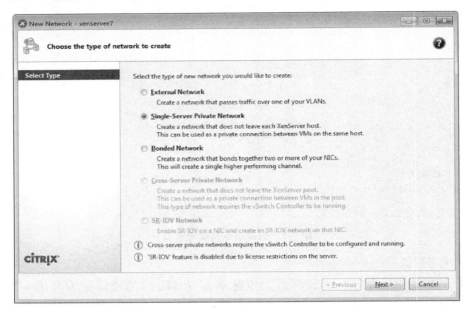

图 4-7 新建服务器专用网络

（2）在输入新网络的名称和说明界面输入"单服务器专用网络"和说明信息，单击"Next"按钮，如图 4-8 所示。

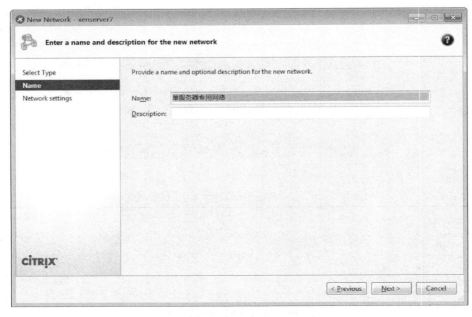

图 4-8 为新网络命名

（3）在接口界面选中相应复选框以将新网络自动添加到使用新建 VM 向导创建的任何新 VM 中，如图 4-9 所示。

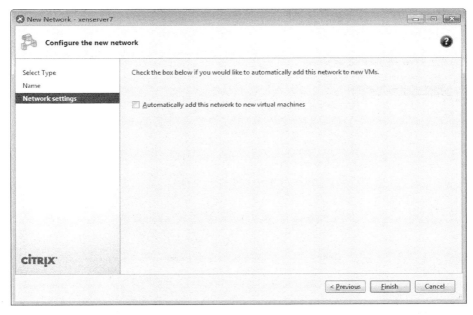

图 4-9　选择网络位置

（4）单击"Finish"按钮以关闭新建网络向导，创建单服务器专用网络结果如图 4-10 所示。

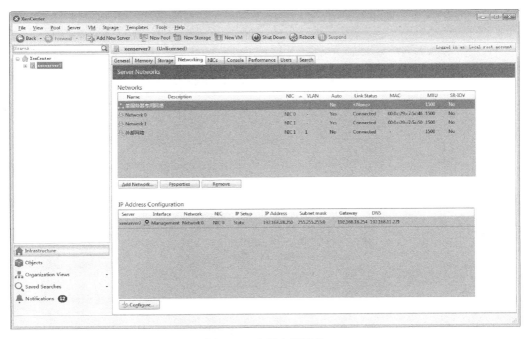

图 4-10　查看专用网络

3. 创建绑定网络

（1）选择要创建的网络类型为"Bonded Network"，单击"Next"按钮，如图 4-11 所示。

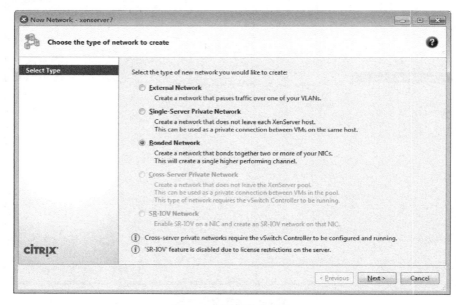

图 4-11　新建绑定网络

（2）选择要绑定到一起的 NIC，可以在列表中选中其对应的复选框，也可以配置绑定模式和 MTU 值，如图 4-12 所示。

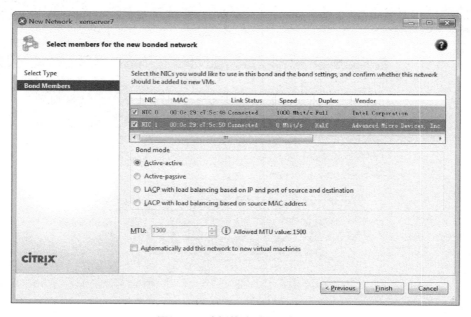

图 4-12　选择绑定的物理接口

（3）在绑定模式下，选择绑定类型，如图 4-13 所示。

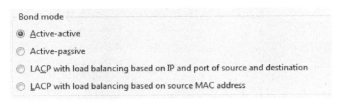

图 4-13　选择绑定类型

① Active-active（主动—主动）绑定类型：可以在两个绑定的 NIC 之间平衡通信，如果其中一个 NIC 出现故障，主机服务器的网络通信将自动通过另一个 NIC 进行路由。

② Active-passive（主动—被动）绑定类型：通信仅通过其中一个绑定的 NIC 传输。在此模式下，只有在活动 NIC 出现故障时，另一个 NIC 才会变成活动状态。

③ LACP 模式：使用聚合链路协议动态进行基于 IP 或 MAC 地址的负载均衡。

（4）单击"Finish"按钮以关闭创建新网络向导，并在弹出的创建绑定警告对话框中单击"Create bond anyway"按钮，如图 4-14 所示。

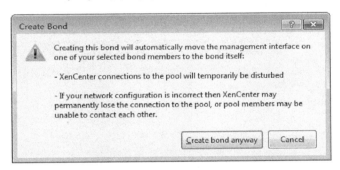

图 4-14　确认绑定

（5）如果要删除创建的网络，在列表中选择要删除的网络，然后单击"Remove"按钮。

4. 更改网络绑定

（1）若要更改网络配置，在 XenCenter 网络连接选项卡上，选择对应的网络并单击"Properties"。

（2）在弹出的外部网络属性对话框中可以更改名称、说明、文件夹、标记和自定义字段属性等，如图 4-15 所示。

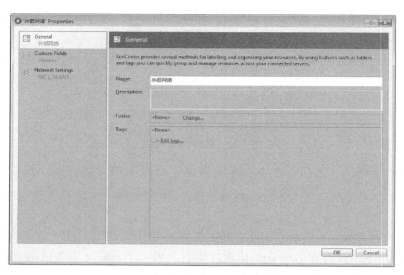

图 4-15　更改网络属性

（3）切换到网络设置标签，配置 NIC 网络、VLAN、MTU 值和自动将网络添加到新虚拟机等选项，如图 4-16 所示。

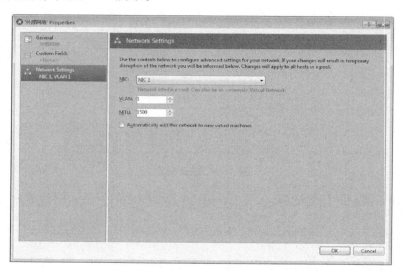

图 4-16　修改配置网络

项目实训　创建虚拟网络

【实训目的】

- 理解 XenServer 虚拟网络类型。
- 掌握创建外部网络、单服务器专用网络的操作技能。

- 理解并掌握创建和修改绑定网络的操作技能。

【实训内容】

- 使用画图软件 Visio 画出虚拟网络构架。
- 创建外部网络。
- 创建内部网络。
- 创建绑定网络。

任务 2　配置 NIC 和管理接口

任务陈述

XenServer 根据相关的网络、虚拟网络接口、服务器网络和绑定配置，按需要自动对 NIC 进行管理。通过 NIC 选项卡可以查看可用的 NIC、配置 NIC 绑定，并将 NIC 用于特定功能。

任务实施

使用 XenCenter 绑定两个单独 NIC 时，会创建一个新的 NIC，新 NIC 为绑定主 NIC，绑定的 NIC 称为从属 NIC。该绑定主 NIC 可以连接到 XenServer 网络，以实现虚拟机通信和服务器管理功能。在 XenCenter 中，可以通过 NIC 选项卡或服务器的网络连接选项卡创建 NIC 绑定。

1. 配置 NIC 选项卡

（1）在资源窗格中选择要查看 NIC 的托管服务器或池，选择 NIC 选项卡，如图 4-17 所示。可以查看 NIC（物理网络接口卡或内部虚拟网络）、MAC（NIC 的介质访问控制地址）、连接状态（NIC 的连接状态：连接或断开）、速度（NIC 的数据传输速率）、双工（NIC 的双工模式：全双工或半双工）、供应商和设备、PCI 总线路径（传递设备的 PCI 总线路径）等设备属性。

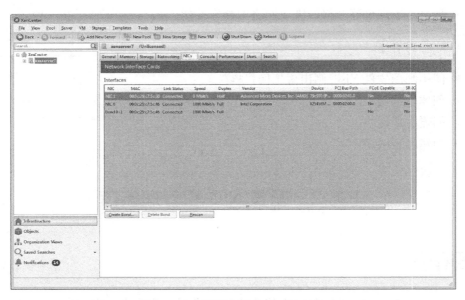

图 4-17　查看服务器的 NIC 选项卡

（2）若 XenServer 主机上添加新的物理接口，需在 NIC 选项卡上单击"Rescan"，强制 XenServer 扫描新的接口卡，如图 4-18 所示。

图 4-18　扫描新的接口卡

（3）在 NIC 选项卡中单击"Create Bond"，在弹出的创建绑定对话框 NIC 列表中选择需要绑定的 NIC 网卡，单击"Create"按钮，如图 4-19 所示。

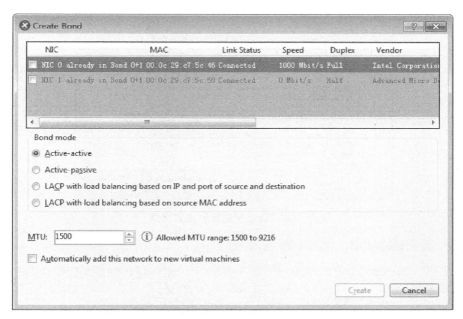

图 4-19　创建绑定

（4）如果要将服务器还原到非绑定配置，选择创建的绑定网络，单击"Delete Bond"按钮，如图 4-20 所示。

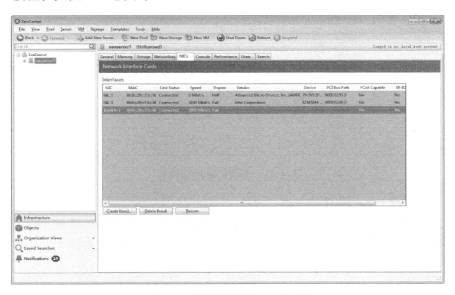

图 4-20　选择要删除的绑定网络

在删除绑定之前，必须先关闭虚拟网络接口使用该绑定的所有虚拟机。还原为非绑定配置后，需要将这些虚拟网络接口重新连接到适当网络；必须先使用管理接口对话框将管理接口移至其他 NIC，否则将与服务器（包括 XenCenter）断开连接。

（5）在弹出的"Delete Bond"对话框中单击"Delete bond anyway"按钮，开始

删除绑定网络，如图 4-21 所示。

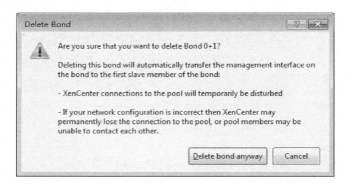

图 4-21　确认要删除的绑定网络

（6）查看删除结果，如图 4-22 所示。

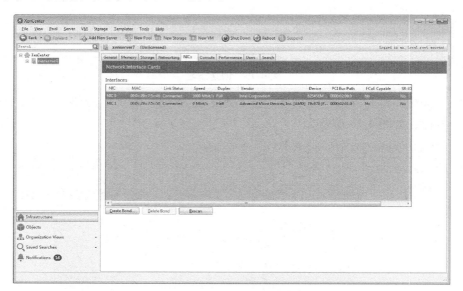

图 4-22　查看删除后的网络

2. 配置管理网络/IP 存储网络

（1）在资源窗格中选中要配置管理网络的托管服务器或池，切换到 "Networking" 选项卡，在管理接口选项单击 "Configure" 按钮，如图 4-23 所示。

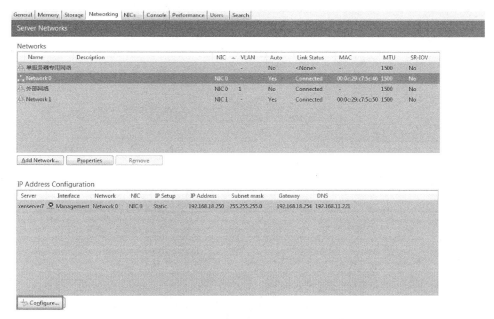

图 4-23 **管理服务器的网络**

（2）在打开的"Configure IP Addresses-xenserver7"对话框中可以修改现有管理网络的网络连接和网络设置信息，如图 4-24 所示。

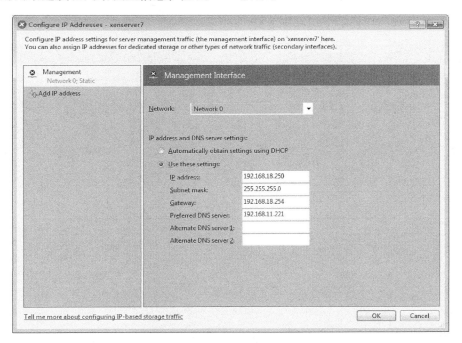

图 4-24 **修改管理网络信息**

（3）单击"Add IP address"按钮，在新建的网络中配置网络名称（如管理地址2）和网络连接，配置对应的网络设置选项，单击"OK"按钮以保存配置。

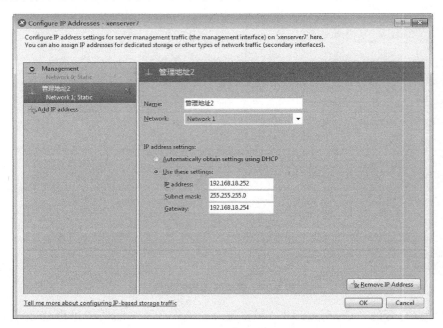

图 4-25   配置其他管理网络接口

（4）查看新建接口结果，如图 4-26 所示。

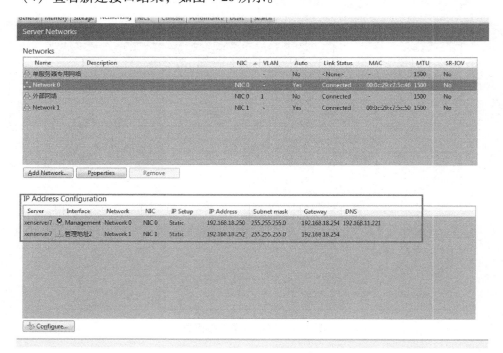

图 4-26   查看管理网络接口

（5）如需删除，打开管理地址配置界面，单击"Remove IP Address"，如图 4-27 所示。

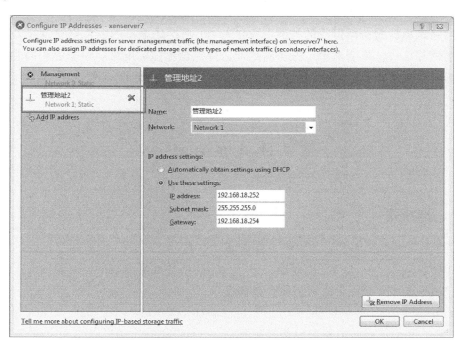

图 4-27　删除管理网络接口地址

项目实训　配置网络管理接口

【实训目的】

- 理解网络管理接口的概念。
- 掌握配置和修改管理接口的操作技能。

【实训内容】

- 查看当前网络管理地址。
- 创建一个额外的网络管理地址。
- 删除新建的网络管理地址。

单元小·结

　　网络是承载服务器运行的关键，XenServer 网络是虚拟的以太网交换机，可以连接到外部接口，或者是单个服务器或池内部完全虚拟的网络。设备名相同的所有 NIC 都将连接到同一个网络，可以使用现有 NIC 来设置新的 VLAN。

单元练习题

一、选择题

1. OSI 参考模型从下到上的第 3 层是（　　　）。

A. 物理层　　　　　　B. 传输层　　　　　C. 数据链路层　　　D. 网络层

2. XenServer 支持的最大网络接口数量是（　　　）。

A. 4　　　　　　　　B. 8　　　　　　　C. 16　　　　　　　D. 32

3. 可以和外部网络通信的网络模型是（　　　）。

A. 内部网络　　　　　　　　　　　　B. 跨主机内部网络

C. 外部网络　　　　　　　　　　　　D. 绑定网络

4. 绑定网络主要的功能是（　　　）。

A. 解决带宽和可靠性问题

B. 实现远程管理

C. 用于和外部网络通信

D. 解决不同介质类型的网络的合并

5. 虚拟机最多可以使用的网卡数量是（　　　）。

A. 2　　　　　　　　B. 4　　　　　　　C. 8　　　　　　　D. 16

6. 下列关于 XenServer 虚拟网络的说法错误的是（　　　）。

A. NIC 是指网络接口卡

B. PIF 是指物理接口

C. 虚拟网络必须关联物理接口

D. 虚拟机的网卡连接到虚拟网络

7. XenServer 中，虚拟网络最多支持的 VLAN 个数是（　　　）。

A. 1 024　　　　　　B. 2 048　　　　　C. 4 092　　　　　D. 4 096

8. 不需要关联物理接口的网络类型是（　　　）。

A. 外部网络

　B. 单服务器专用网络

　C. 跨服务器专用网络

　D. 单服务器专用网络和跨服务器专用网络

9. 网卡的全双工模式是指（　　　）。

　A. 双倍发送速率　　　　　　　　B. 双倍接收速率

　C. 同时进行网络的收发　　　　　D. 2 个网卡同时工作

二、简答题

1. XenServer 支持的网络类型有哪些？哪些网络类型是能够和外部网络通信的？

2. 什么是绑定网络？其主要作用是什么？

3. 删除已经存在的绑定网络需要注意哪些问题，才能保证虚拟机的网络通信正常？

4. 简述 XenServer 虚拟网络的构架。

单元 **5**

虚拟机管理

 学习目标

【知识目标】

- 掌握在 XenServer 上新建虚拟机的方法。
- 掌握配置虚拟机的方法。
- 了解虚拟机模板的使用。
- 了解虚拟机的导入和导出。
- 掌握虚拟机的快照功能。

【技能目标】

- 能够在 XenServer 上创建并配置虚拟机。
- 能够使用模板功能导入与导出虚拟机。
- 能够使用快照功能备份与恢复虚拟机。

 引例描述

计算机类专业的小明学习 XenServer 已经有一个月了，经过这段时间的学习，他对 XenServer 有了初步的认识。可是他最近却一直闷闷不乐，因为他发现利用现有的知识无法搭建云计算系统，并且目前学习的知识也非常零散，无法贯穿起来。于是他萌生了放弃学习 XenServer 的念头。

蒋老师得知小明的烦恼后，告诉小明，他目前所遇到的困惑是大多数云计算初学者都会经历的。想快速有效地解决这些问题，可以从以下几个方面着手。

第一，要消除自己的畏难情绪，相信自己经过努力肯定可以克服目前学习中遇到的困难。

第二，把已经学习的 XenServer 知识进行分解，通过本单元的学习，掌握完整的 XenServer 应用方法。

第三，借助 VMware 虚拟化软件进行理论到实际的操作，理解新建、配置虚拟机，导入导出模板，快照功能等虚拟机的实用技术。

小明同学听了蒋老师的指导后，茅塞顿开，迫不及待地进入了虚拟机管理的学习。

任务 1　虚拟机的新建与配置

虚拟机是运行在 XenServer 单机平台或资源池中的操作系统，包括日常用到的 Windows XP/7/10、Windows Server 系列和 Linux 等操作系统。虚拟机的管理在虚拟化平台中非常重要。本任务从新建与配置虚拟机的角度出发，详细阐述在 XenServer 中如何正确搭建虚拟系统。

一、虚拟机的概述

Citrix 官方对虚拟机的定义是，虚拟机是一种软件计算器，与物理计算机类似，都运行操作系统和应用程序。虚拟机由一组规范和配置文件组成，由主机的物理资源提供支持。每个虚拟机都有一些虚拟设备，这些设备与物理硬件提供的功能相同，而且在可移植性、可管理性和安全性方面具有额外优势。此外，可以根据特定要求定制每个虚拟机的引导行为。

通过虚拟化软件，可以在一台物理计算机上模拟出一台或多台虚拟的计算机，这些虚拟机完全像真正的计算机那样工作，比如，可以安装操作系统，安装应用程序，使用 U 盘等外置设备，访问网络资源等。对于用户而言，它只是运行在物理计算机上的一个应用程序；但对于在虚拟机中运行的程序而言，它像在一台真实计算机中工作。因此，当虚拟机中的应用系统出现故障时，系统一样会发生不可逆的错误，进而导致系统崩溃，但崩溃的只是虚拟机上的操作系统，而不是真实计算机上的操作系统。我们只需重新启动虚拟机，即可使虚拟机又恢复到崩溃前的正常状态。

二、虚拟机的用途

下面简要介绍虚拟机的主要应用场景和实际用途。

1. 演示用途

可以安装各种用于演示的环境，便于设计各种例子，运行不兼容的程序，测试主机的运行速度，减少不必要的安装程序。

2. 测试用途

测试不熟悉的应用程序，在虚拟机中安装、修改和删除各种应用程序，测试其稳定性，测试在不同版本操作系统中的运行状态，甚至可以在虚拟机中测试病毒、木马和外挂程序对应用程序的影响。

3. 部署用途

软件开发公司在部署环境时，可以在虚拟机中对开发的软件进行部署，测试软件的稳定性、性能和兼容性等各项指标，这样就可以减小对现有系统的影响，节约成本，提高工作效率。

三、虚拟机的分类

虚拟机技术有多种分类方式。按照虚拟机新系统对上层应用所提供接口的不同，分为不同层次的虚拟机技术，主要包括以下四类。

（1）硬件抽象层的虚拟机。

对上层软件（即客户机操作系统）而言，硬件抽象层的虚拟机构造了一个完整的计算机硬件系统，这种虚拟机与客户操作系统的接口即为处理器指令。

（2）操作系统层的虚拟机。

通过动态复制操作系统环境，此类虚拟机能够创建多个虚拟运行容器。而对运行在每个容器上的软件而言，此类虚拟机均提供了一个完整的操作系统运行环境，而它与上层软件的接口即为系统调试接口。

（3）API 层的虚拟机。

此类虚拟机为上层应用软件提供了特定操作系统运行环境的模拟，但这种模拟并不是对处理器指令的仿真，而是模拟实现该操作系统的各类用户态 API。

（4）编程语言层的虚拟机。

此类虚拟机通过解释或即时编译技术（Just-In-Time，JIT）来运行语言虚拟机指令，从而实现软件的跨平台特性。

在 XenServer 系统中虚拟机的运行模式主要有半虚拟化和全虚拟化两种模式。

（1）半虚拟化（PV）。

半虚拟化是指虚拟机内核使用特定代码，此代码在虚拟机管理程序上运行，以管理设备和内存。

（2）全虚拟化（HVM）。

全虚拟化是指使用特定处理器功能"捕获"虚拟机执行的特权指令，以便可以使用未经修改的操作系统。为了访问网络和存储，会为虚拟机提供仿真设备。出于对性能和可靠性的考虑，也可以使用 PV 驱动程序。

四、XenServer Tools 的介绍

XenServer Tools 可提供高性能的 I/O 服务，同时又不会像传统设备一样产生模拟开销。XenServer Tools 由 I/O 驱动程序（也称为半虚拟化驱动程序或 PV 驱动程序）和管理代理组成。必须为每台安装 Windows 操作系统的虚拟机安装 XenServer Tools，才能够使虚拟机具有完全受支持的配置，并且能够完全使用 XenServer 的其他管理工具。

I/O 驱动程序包括存储和网络驱动程序及底层管理接口。这些驱动程序可替代仿真设备，在 Windows 和 XenServer 产品系列软件之间提供高速传输。在安装 Windows 操作系统期间，XenServer 使用传统的设备仿真为虚拟机提供标准 IDE 控制器和标准网卡。通过这种方式，Windows 使用内置驱动程序完成安装。但由于控制器驱动程序仿真存在固有的系统开销，因此会导致性能降低。I/O 驱动程序可提供 Windows 和 Linux 虚拟机用来增强磁盘和网络性能，所有新虚拟机均应安装这些驱动程序。从 XenServer 7.0 开始，I/O 驱动程序可以通过 Windows Update 机制进行安装和更新。I/O 驱动程序和管理代理会组合在一起，以 XenServer Tools 的形式发布，方便安装。另外，虚拟机迁移和历史的性能数据查看等 XenServer 功能只能在安装了 XenServer Tools 的虚拟机上使用。

（一）管理代理

管理代理也称为来宾代理，负责高级虚拟机的管理，并向 XenCenter 提供包括静态快照在内的完整功能。

XenServer Tools 必须安装在每一台 Windows 虚拟机上，才能使虚拟机具有完全受支持的配置。虚拟机在没有这些工具的情况下可以正常工作，但是如果不安装 I/O 驱动程序，其性能将受到极大的影响。必须在 Windows 虚拟机上安装 XenServer Tools，才能执行以下操作：

（1）彻底关闭、重新启动、挂起虚拟机；

（2）在 XenCenter 中查看虚拟机的性能数据；

（3）迁移正在运行的虚拟机（使用 XenMotion 或 Storage XenMotion）；

（4）创建静态快照或带有内存检查的快照，或者还原快照；

（5）调整正在运行的 Linux 虚拟机上的 vCPU 数量。

可以在 XenCenter 中虚拟机的常规选项卡中查看虚拟机的优化状态，也可以查看 XenServer Tools 是否已安装，以及虚拟机是否能够从 Windows Update 安装和接收更新。

（二）更新 XenServer Tools

XenServer 提供了一种更为简单的新机制，可以自动为 Windows 虚拟机更新 I/O 驱动程序和管理代理。通过此机制，一旦推出更新，用户即可安装，而不必等待修复程序。虚拟机常规选项卡中的虚拟化状态部分可指定虚拟机是否能够从 Windows

Update 接收更新。默认情况下，从 Windows Update 接收 I/O 驱动程序更新的机制处于开启状态。如果不想从 Windows Update 接收 I/O 驱动程序更新，应在虚拟机上禁用 Windows Update，或者设定一个禁用的组策略。

（三）更新 I/O 驱动程序

本书使用的版本是 XenServer 7.6，在它上面运行新创建的 Windows 虚拟机，可以自动从 Microsoft Windows Update 获取 I/O 驱动程序更新，但有如下前提：

（1）用户运行的是 XenServer Enterprise Edition，或者可通过 XenApp/XenDesktop 授权访问 XenServer。

（2）用户使用的是 7.0 或更高版本的 XenServer 自带的 XenCenter 创建的 Windows 虚拟机。

（3）虚拟机中已经启动 Windows Update。

（4）用户可以访问 Internet，或者可以连接到 WSUS 代理服务器。

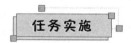

常见的操作系统有 Windows、Linux 和 MAC OS 等。下面我们以 Windows 操作系统为例，分别介绍如何新建 Windows 系统，安装好 XenTools 优化资源包，使其完全虚拟化。最后还将介绍如何动态配置创建的 Windows 系统内存和其他虚拟机基础属性的设置。

常见的 Windows 系统有 Windows XP、Windows 7、Windows 8、Windows 10 及 Windows Server 系列等。这里以 Windows XP 为例，介绍创建与配置 Windows XP 虚拟机的详细步骤。

1. 设置存储

本次安装采用 SMB 存储的方式，即在宿主机中新建一个名为 ISO 的共享文件夹，将所需要安装的操作系统 ISO 文件拷贝到文件夹中，再将文件夹挂载到 XenServer 服务器中，如图 5-1 所示。具体的挂载方法将在后续内容中详细解释。

图 5-1　XenServer 挂载存储

2. 新建 VM

在 XenCenter 软件中，连接好 XenServer 服务器，选择要创建虚拟机的 XenServer 服务器，选择"new VM"命令，或者执行"VM"→"New VM"命令，如图 5-2 所示。

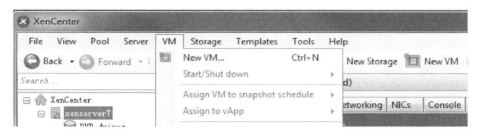

图 5-2　新建 VM 对话框

3. 选择 VM 模板

由于在"Select a VM template"（选择 VM 模板）对话框中没有 Windows XP 的模板，可以选择 Windows 7 或 Legacy Windows 模板替代，选好后单击"Next"按钮继续进行下一步操作，如图 5-3 所示。

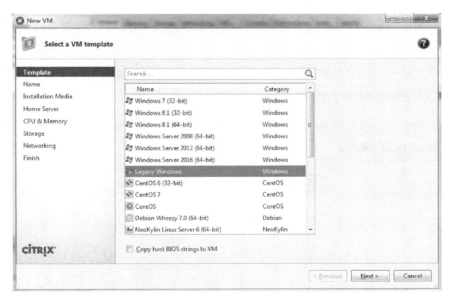

图 5-3　选择 VM 模板

4. 为新建虚拟机命名

在如图 5-4 所示的对话框中输入虚拟机的名称和说明，再按"Next"按钮。

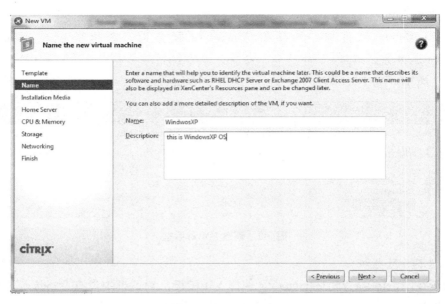

图 5-4　为新虚拟机命名

5. 查找操作系统安装介质

在如图 5-5 所示的对话框中，从 SMB ISO 存储库中选择要安装的 Windows XP 的 ISO 文件。

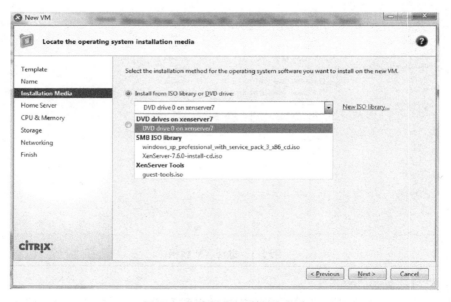

图 5-5　查找操作系统安装介质

6. 选择主服务器

在如图 5-6 所示的对话框中选择之前创建的 XenServer 服务器。

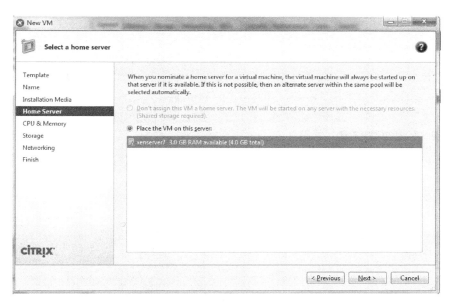

图 5-6 选择主服务器

7. 分配处理器和内存资源

在如图 5-7 所示的对话框中指定这台新创建的虚拟机的 vCPU 数量、核心数量和内存大小等参数。

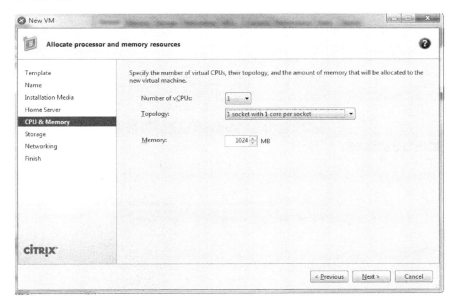

图 5-7 分配处理器和内存资源

8. 为新 VM 配置存储

在如图 5-8 所示的对话框中指定虚拟机将使用的 XenServer 本地存储，再单击"Next"按钮，也可以单击"Add"按钮添加网络中其他的共享网络存储。

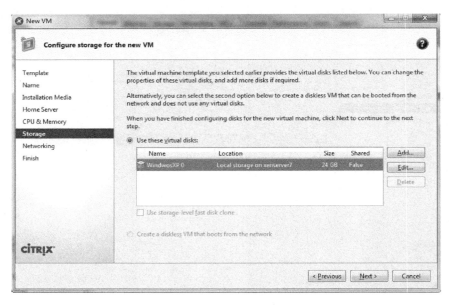

图 5-8　为新 VM 配置存储

9. 在新 VM 上配置网络连接

在如图 5-9 所示的对话框中，选择虚拟机将要使用的网络接口，可以使用默认的虚拟网络接口，也可以添加新的网络接口。

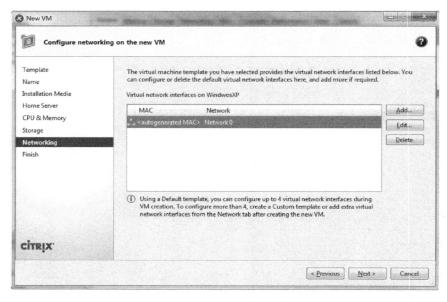

图 5-9　在新 VM 上配置网络连接

10. 准备创建新虚拟机

在如图 5-10 所示的对话框中，选择"Start the new VM automatically"复选框，然后单击"Create Now"按钮。

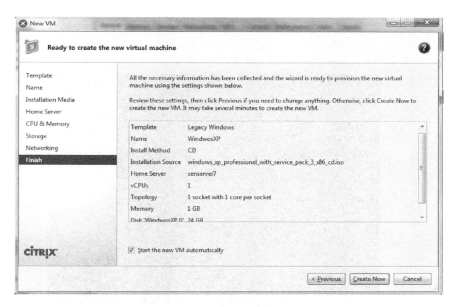

图 5-10　准备创建新虚拟机

11. 查看 VM 的安装

创建好虚拟机后系统会进入 Windows 的安装界面开始安装，可以通过 Performance 标签查看当前运行的 Windows XP 虚拟机的 CPU、硬盘和网络性能，如图 5-11 所示。也可以切换到 Console（控制台）标签查看这台设备的安装进度，图 5-12、图 5-13 是 Windows XP 的部分安装过程。

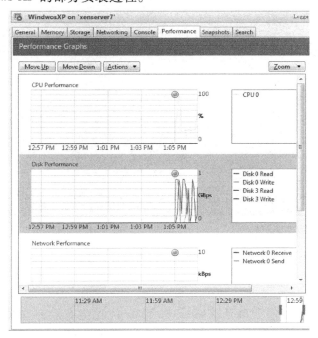

图 5-11　虚拟机性能查看

图 5-12　Windows XP 安装过程 1

图 5-13　Windows XP 安装过程 2

12. 安装 XenServer Tools

虚拟机安装好后，需要确认 XenServer Tools 优化包有没有安装好，如果没有安装，需要进行安装操作。如图 5-14 所示，这台 Windows XP 虚拟机没有安装 XenServer

Tools，所以虚拟机目前的虚拟化状态是未优化 I/O，单击"Install I/O drivers and Management Agent"安装 I/O 优化。

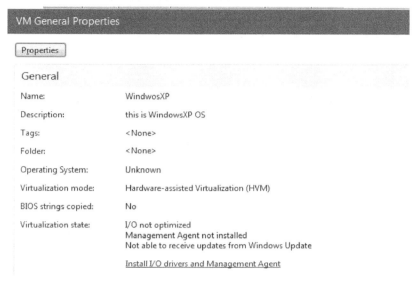

图 5-14　**查看虚拟机优化状态**

在弹出的"Install XenServer Tools"对话框中直接单击"Install XenServer Tools"按钮，如图 5-15 所示。

图 5-15　**安装** XenServer Tools

13. 虚拟机基本属性设置

在每个虚拟机的属性对话框中，可以设定虚拟机的一些常规属性、自定义字段、CPU 及内存调节、引导选项、启动选项、报警、主服务器等。下面依次介绍每个属性的配置方法。

（1）常规属性。

常规属性页面中可以更改虚拟机的名称、说明、文件夹、标记等相关信息，如图 5-16 所示。

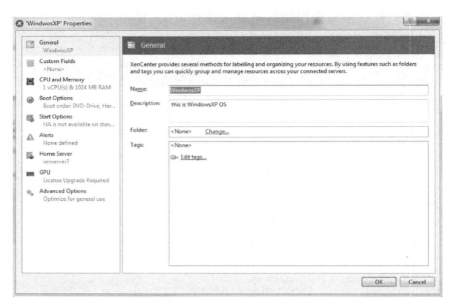

图 5-16　常规属性

（2）CPU 与内存属性。

该页面可以修改虚拟机 vCPU 数量、核心数量和内存大小等参数，如图 5-17 所示。

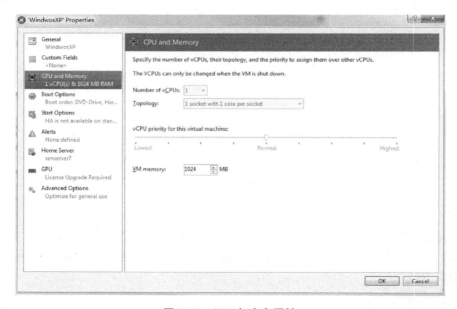

图 5-17　CPU 与内存属性

（3）启动顺序属性。

启动顺序是虚拟机的重要属性，良好的启动顺序有助于虚拟机快速启动。该页面可以使安装的 Windows XP 虚拟机在 DVD、硬盘和网络三种启动方式中任意排序，方便管理，如图 5-18 所示。

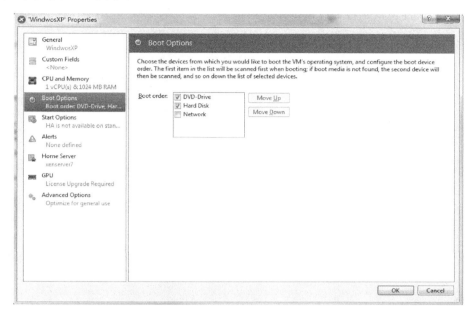

图 5-18　启动顺序属性

（4）开始顺序属性。

不同于虚拟机内部的启动顺序，开始顺序属性在多台虚拟机需要同时开启时工作。可以通过开始顺序属性的设置，让一些虚拟机优先启动，让另一些虚拟机暂缓启动，并且还能调节虚拟机之间的启动间隔，如图 5-19 所示。

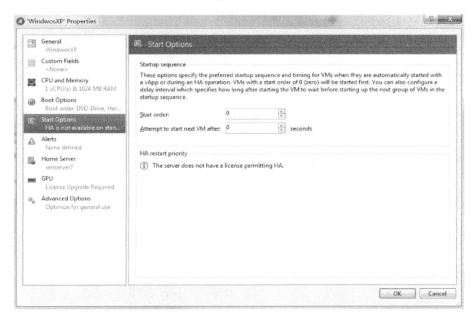

图 5-19　开始顺序属性

（5）报警属性。

在报警属性窗口的报警选项卡中，可以为虚拟机的 CPU 使用率、网络和磁盘活动配置性能报警，如图 5-20 所示。

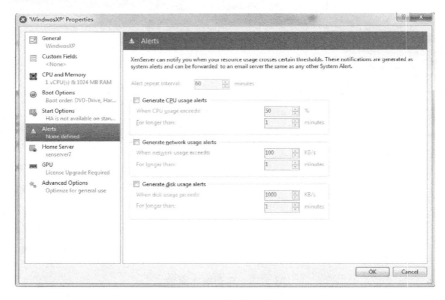

图 5-20　报警属性

（6）主服务器属性。

主服务器属性可以控制虚拟机启动时在哪一台 XenServer 服务器上启动，一经确定后，这台 XenServer 服务器将变成虚拟机的主服务器，如图 5-21 所示。如果只有一台 XenServer 服务器工作，那么这个属性就无法设置。

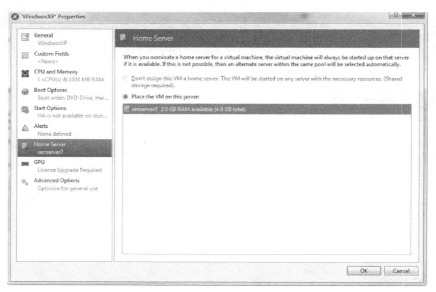

图 5-21　主服务器属性

（7）优化选项属性。

优化选项属性界面主要是选择虚拟机在不同的环境中进行性能优化，一般采用默认值即可，如图 5-22 所示。

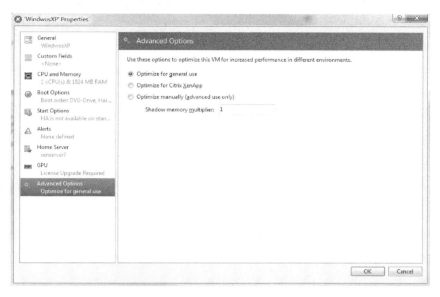

图 5-22　优化选项属性

至此，在 XenServer 中创建 Windows 虚拟机和配置这台虚拟机的操作已经全部结束。

项目实训　安装与配置 Windows 7 虚拟机

【实训任务】

在已成功安装的 XenServer 中创建一台 Windows 系列的虚拟机（Windows 7 或以上版本），安装 XenServer Tools 工具，配置虚拟机的相关参数。

【实训目的】

- 掌握 XenServer 中安装虚拟机的方法。
- 掌握虚拟机中 XenServer Tools 的安装方法。
- 了解优化与配置虚拟机的方法。

【实训内容】

（1）在 XenServer 系统上创建虚拟机。
（2）在创建的虚拟机中安装 XenServer Tools。

（3）优化与配置安装的虚拟机。

任务 2　虚拟机模板与快照的应用

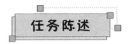

网络运维中，新建虚拟机的情况比较多，有时相同的操作系统经常要从头开始新建，比较浪费时间，这时模板的概念便应运而生。虚拟机模板可以大大缩短创建相同虚拟机的时间。虚拟机快照可以提升云平台的服务质量，当系统发生错误时，可以通过快照技术迅速恢复到之前某个时刻的状态，让系统从快照点继续执行，减少因系统错误而造成的数据丢失。

本任务将重点介绍如何创建全新的模板，或在现有虚拟机上转换模板，以及模板的复制、删除、导入、导出等方法。并介绍如何保存快照，当模拟系统出现故障时如何从快照点恢复系统。

一、虚拟机模板

虚拟机模板（简称 VM 模板）是包含各种设置以创建特定 VM 的映像。XenServer 系统也自带一些基础模板（即原始 VM），可以在这些模板上安装操作系统。为了达到最佳运行状态，不同的操作系统需要使用不同的设置。XenServer 模板已经经过优化，能最大限度地提高操作系统的性能。

虚拟机模板的特性主要有以下几个方面。

1. 时间效率

虚拟机模板在部署新的虚拟机时可以节约系统管理员的时间，但是预配置时需要遵循一定的技巧。模板有时是虚拟机的主副本，有时是虚拟机一个全新的安全补丁。模板具备公司所有的标准软件安装和配置，而且模板是一个提供最佳虚拟机环境的有效手段。

2. 删除冗余

充分利用虚拟机模板，应该不断更新并维护模板。模板快照是一个非常好的保障系统运行的手段，无论做了哪些改变，模板都能确保恢复到原来的状态，并保存虚拟机模板。将虚拟机转换回模板时，请务必删除之前的虚拟机模板快照，否则会增加保存的时间。

3. 模板存储

云平台系统通过大量的模板来节约更多的存储空间。模板被存储在特定的存储空间，在虚拟机模板部署时，虚拟机模板的读取速度会更快。但是需要注意的是，存储的这些模板在读取时要确保模板内的驱动器与运行的模板相匹配，如果不匹配，会对性能造成很大的影响。

XenServer 从模板创建 VM 的两种基本方法：

（1）使用完整的预配置模板（如演示版 Linux 虚拟设备）。

（2）将操作系统从 CD、ISO 映像或网络存储库安装到所提供的适当模板上。

创建 XenServer 模板时需要注意，较旧版本的 XenServer 创建的模板可以在较新版本的 XenServer 中使用。但是，在较新版本的 XenServer 中创建的模板与较旧版本的 XenServer 不兼容。如果需要在 XenServer 7.6 中创建一个 VM 模板，在旧版本中使用此模板，请单独导出 VDI 并重新创建 VM。

二、虚拟机快照

快照是对虚拟机在某个时间点记录的一份备份，是虚拟机在某个时间点的历史状态。就像平时在计算机上做 ghost 系统备份一样，备份的也是某个时间点的历史状态。如果系统出现问题，可以用这个历史状态来还原有问题的系统，让"时光倒流"到某个时间点上。

快照不能替代模板，但快照可以理解成一种快捷的模板创建方式。

XenServer 生成的快照有以下 3 种模式。

（1）磁盘快照：存储虚拟机的配置信息和磁盘信息，此快照为 XenServer 系统默认的快照方式。

（2）静态快照：利用 Windows 卷影服务生成具有应用一致性的实时快照。VSS 框架帮助可识别 VSS 的应用程序（如 Microsoft 类的应用程序）在生成快照前将数据刷新到磁盘并为快照做好准备。因此，还原静态快照比较安全。但当生成静态快照时，这些快照可能会对系统性能产生更大的影响，如果负载过重，还可能会失败，因此生成此类快照可能需要进行多次尝试。值得注意的是，此功能只对 Windows 操作系统有效，并且虚拟机还要打开相应的服务。

（3）磁盘和内存快照：除了保存虚拟机的元数据和磁盘外，还要保存虚拟机的内存状态，这种状态的虚拟机不需要启动，生成快照时是什么状态，还原后还是什么状态。

本任务以安装好的全新 Windows 系统为例进行封装优化，再转换成模板，进行模板的导入导出、快照的生成与还原等操作过程。其他操作系统，如 Linux、Windows

Server 系列同样也可以参考这个步骤，具体操作如下。

1. 系统准备工具

如果要将 Windows 系统转换成模板，需要在转换前执行一个操作，即在命令行提示符中执行 Sysprep 系统封装，让 Sysprep 系统准备工具自动随机生成一个新的系统的 SID。如果一个网络中有相同的 SID 主机，尤其是在 Windows 域控制环境中，会产生加载不了域控的情况，如图 5-23 所示。

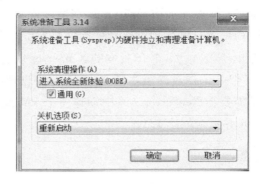

图 5-23　系统准备工具

2. 虚拟机转化模板

在 XenCenter 中右击需要转化的虚拟机，在弹出的快捷菜单中选择"Convert to Template"命令，如图 5-24 所示。

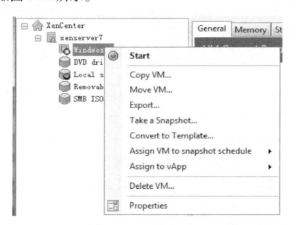

图 5-24　转化为模板

此时会弹出对话框，提示是否确认要将虚拟机转化为模板，这个操作是无法撤销的，如果继续单击转化按钮即可完成转化。当转化成功后，会在 XenServer 最下面显示方框图案的模板，在常规窗口中，可以看到显示为模板常规属性，如图 5-25 所示。

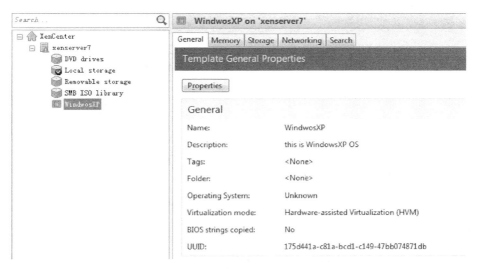

图 5-25　转换模板成功

3. 生成虚拟机快照

在 XenCenter 软件的快捷菜单中选择"Take Snapshot"功能后会弹出"Take Snapshot"对话框，如图 5-26 所示，输入名称和说明即可生成快照。如果虚拟机是 Windows 操作系统并在开机运行的状态下，"生成快照前使虚拟机静止"这个复选框是可用的，这里选择"生成虚拟机磁盘快照"单选按钮。

图 5-26　"Take Snapshot"生成快照对话框

返回 XenCenter 主页面，选中此虚拟机，进入虚拟机快照页面，发现里面有已经生成的快照项目，如图 5-27 所示。

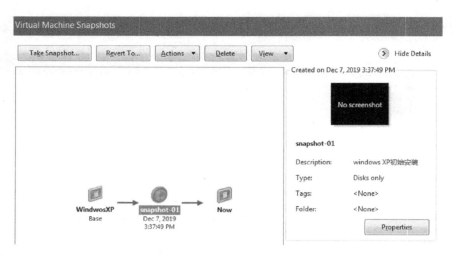

图 5-27　快照查看

4. 还原虚拟机快照

还原虚拟机快照是返回到虚拟机的某一个历史时间点。当系统出现问题或者要测试一个新的软件时，担心安装一些应用程序会修改系统的关键文件或注册表，可以使用快照功能先备份一下，万一出现问题可以及时还原。还原快照需要在快照页面选中一个备份的快照，单击"Revert To"按钮，如图 5-28 所示。

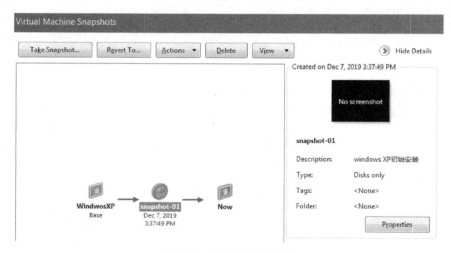

图 5-28　还原虚拟机快照

系统会弹出"Revert To Snapshot"对话框，对话框将提示是否生成虚拟机最新状态的快照，以防止此次还原失败。选中"生成虚拟机当前状态快照"复选框，然后单击"Yes"按钮，如图 5-29 所示。

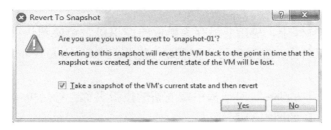

图 5-29　还原到快照

在 "Take Snapshot" 对话框中输入名称和说明相关信息，然后单击 "Take Snapshot" 按钮，会生成虚拟机当前状态的快照，如图 5-30 所示。

图 5-30　生成快照

还原成功后返回 XenCenter 中次虚拟机的快照页面，可以看到已经有新的快照对应关系，如图 5-31 所示，与之前生成的 snapshot-01 这个状态其实是相同的。

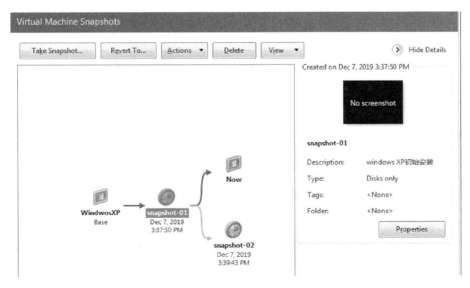

图 5-31　新的快照对应关系

5. 快照另存为模板

在 XenCenter 软件中，单击要另存为模板的虚拟机，切换到快照选项卡，然后单击需要转换的快照名称，在弹出的快捷菜单中选择"Save as a Template"命令，如图 5-32 所示。

在"Save as a Template"对话框中输入新的模板名称，然后单击"Creat"按钮即可完成模板的建立，如图 5-33 所示。

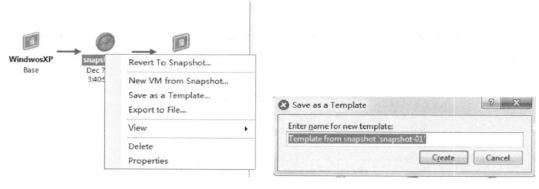

图 5-32　另存为模板命令　　　　图 5-33　"Save as a Template"对话框

6. 模板的复制

在 XenCenter 软件中，右击要复制的模板，在快捷菜单中选择"Copy"命令，如图 5-34 所示。

图 5-34　模板复制命令

在弹出的如图 5-35 所示的对话框中，如果要复制的目标位置在池中的 XenServer，选择"Within pool"单选按钮；如果要跨池复制模板到其他资源池中，选择"Cross-pool"单选按钮。

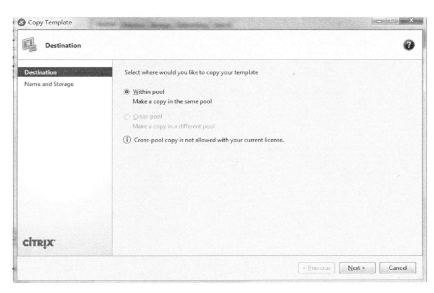

图 5-35 目标位置

在图 5-36 所示的对话框中输入新的名称和说明。复制模式有两种：快速克隆和完整复制。如果选择完整复制，会占用较大的磁盘空间。快速克隆类似于日常备份技术中的增量备份，占用磁盘空间较小。

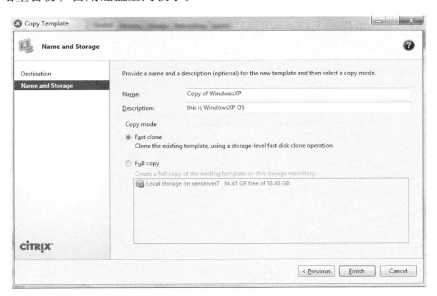

图 5-36 名称和存储

7. 模板的删除

模板的删除是删除模板在 XenServer 存储模块中的文件。删除模板会将虚拟磁盘文件全部删除，并且无法恢复，所以使用时务必谨慎。删除操作只需要在想要删除的模板名称上单击鼠标右键，在弹出的快捷菜单中选择删除模板命令。在 "Delete Template"对话框中，确认要删除的模板的磁盘信息，相关的虚拟磁盘和快照如果选中，也将一并删除，单击"Delete"按钮即可完成模板的删除，如图5-37所示。

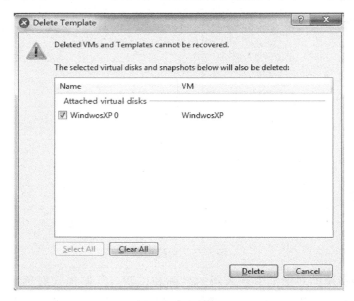

图 5-37　删除模板

8. 模板的导出

右击需要导出的模板名称，在弹出的快捷菜单中选择导出到文件命令，如图5-34所示。在"Export to File"对话框中选择要保存的硬盘位置，输入文件名，选中"Verify export on completion"复选框，最后单击"保存"按钮即可完成模板的导出，如图5-38所示。

图 5-38　"Export to File"对话框

9. 模板的导入

右击要导入的 XenServer 主机名，在弹出的快捷菜单中选择导入命令，选择要导入的文件，然后单击"Next"按钮，如图 5-39 所示。

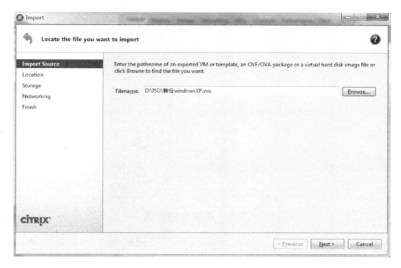

图 5-39　查询到导入的文件

在主服务对话框中选择模板要存储的目标 XenServer 主机名，如果不选择，资源池会根据池中主机的资源使用情况分配最合适的服务器，单击"Next"按钮，如图 5-40 所示。

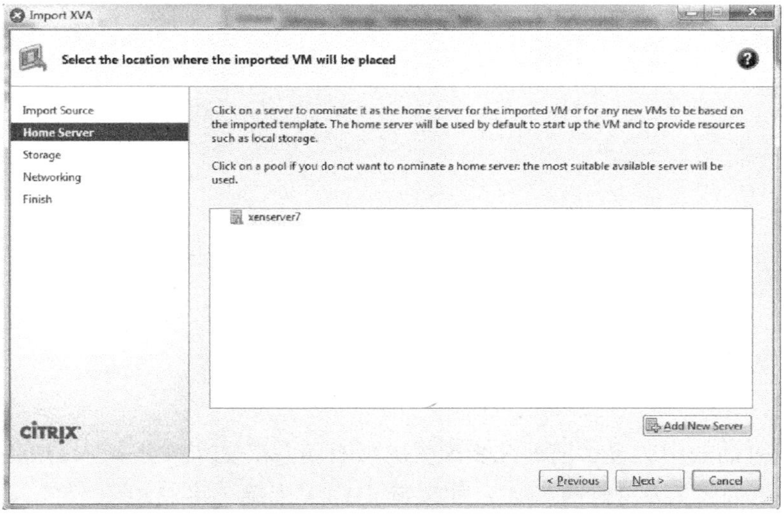

图 5-40　主服务器

在存储对话框中选择存放新模板的位置，这里选择本地存储，然后单击"Import"按钮，如图 5-41 所示。

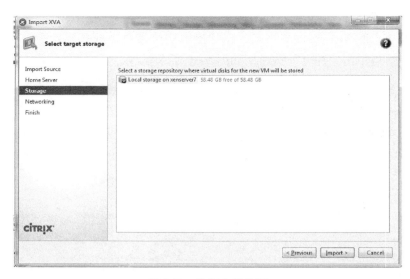

图 5-41　选择存储位置

　　在网络连接对话框中选择合适的虚拟网络接口，然后单击"Next"按钮，如图 5-42 所示。

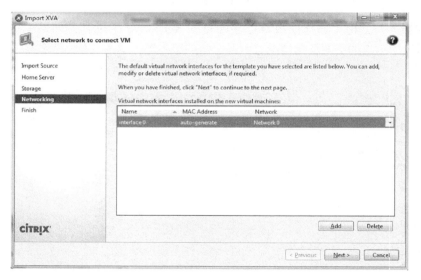

图 5-42　网络连接

　　在完成对话框中会显示前面几步配置的所有信息。如果发现输入的配置有误，可以单击"Previous"按钮修改操作；如果确定输入正确，可以单击"Finish"按钮进行导入操作，如图 5-43 所示。导入过程可能需要几分钟。如果没有提示错误，导入完成，返回 XenCenter 软件的模板区域，可以发现新导入的模板。

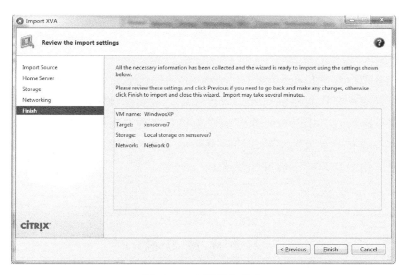

图 5-43 查看导入信息

项目实训 虚拟机模板与快照的使用

【实训任务】

使用 XenCenter 软件安装一台全新虚拟机并将其转化为模板,进行模板的导入和导出操作,再实现生成虚拟机快照和还原虚拟机快照的功能。

【实训目的】

- 掌握虚拟机转化为模板的操作步骤。
- 了解模板的导入和导出操作。
- 初步掌握生成、还原虚拟机快照的功能。

【实训内容】

（1）在 XenCenter 软件中创建一台全新虚拟机并将其转化为模板。

（2）对创建的模板进行导入和导出操作。

（3）对虚拟机进行生成虚拟机快照和还原虚拟机快照操作。

单元小结

　　如何安装和配置虚拟机是管理 XenServer 系统的基础，利用好模板功能、快照功能可以为管理员节约大量的时间，所以本单元从实际操作规范的角度出发，详细阐述了如何正确地在 XenServer 中创建虚拟机并实现其高级功能，这对掌握云平台管理的核心技能有非常大的帮助，同时也能加深对 XenServer 系统的理解，为以后更多企业级应用的学习打下良好的基础。

单元练习题

一、选择题

1. XenServer 虚拟机的基本配置一共有多少个属性？（　　　）

A. 7　　　　　　　B. 8　　　　　　　C. 9　　　　　　　D. 10

2. 虚拟机默认的第一启动顺序是什么？（　　　）

A. CD/DVD　　　　B. 硬盘　　　　　C. 网络　　　　　D. 其他

3. XenServer Tools 从 XenServer 的哪个版本开始，I/O 驱动程序可以通过 Windows Update 机制进行安装和更新？（　　　）

A. 5.0　　　　　　B. 6.0　　　　　　C. 7.0　　　　　　D. 8.0

4. 新建虚拟机时默认分配的 vCPU 数量是多少？（　　　）

A. 0　　　　　　　B. 1　　　　　　　C. 2　　　　　　　D. 3

5. 下列哪个选项不是 XenServer 可以生成的快照？（　　　）

A. 磁盘快照　　　　B. 动态快照　　　C. 静态快照　　　D. 磁盘和内存快照

二、简答题

1. 简述 XenServer 创建虚拟机的步骤。

2. XenServer 创建虚拟机模板有几种方式？

3. 简述虚拟机生成快照的方法。

4. 简述导出虚拟机模板的方法。

5. 简述生成的虚拟机的基本属性设置有哪些。

单元 **6**

XenServer 企业级功能管理

 学习目标

【知识目标】

- 掌握 XenServer 资源池的概念。
- 掌握 XenServer vApp 的概念。
- 掌握 XenServer 快照计划的概念和用途。

【技能目标】

- 能够在 XenServer 上创建并管理资源池。
- 能够创建并管理 vApp。
- 能够使用快照计划功能实现虚拟机自动备份。

 引例描述

　　计算机类专业的小明学习了 XenServer 的基础功能之后，对单个服务器的管理技能已经掌握得比较好了。但是在真实的企业环境中，XenServer 的部署是基于多个物理服务器统一规划的，并且涉及服务器或虚拟机的可靠性问题。如何管理多个服务器？服务器或虚拟机如何进行备份和还原？这些企业级的功能是如何实现的呢？

　　在涉及企业级功能管理的问题上，蒋老师对小明提出了更高的要求：从现在起，必须着眼于企业的真实环境，按照多个服务器并行工作的理念去学习和进行实际操作。但在具体操作时，仍然可以用 1 个或 2 个服务器虚拟机进行训练。当个人的技能水平达到本单元要求的所有目标后，就可以到企业真实环境中进行操作和管理。

　　小明开始了 XenServer 进阶学习之旅。

任务 1 管理 XenServer 资源池

XenServer 是一个完整的企业级服务器虚拟化构架解决方案，其企业版包含更高级的功能，如资源池、高可用性、负载均衡等，以帮助企业构建高性能、可扩展、可管理的服务器基础构架。

资源池是由两台或多台 XenServer 物理服务器组成的统一管理的实体。在与共享存储组合后，资源池允许虚拟机在内存充足的任何一台 XenServer 服务器上启动，并且允许虚拟机在保持运行的状态下在 XenServer 服务器之间迁移。

本任务将引导大家了解资源池的概念，并掌握资源池的创建和管理技能。

一、资源池的概念

用 Citrix XenServer 资源池，可以将多个服务器及其连接的共享存储作为统一的资源进行查看，从而可以根据虚拟机资源需求和业务优先级灵活部署虚拟机。一个池中最多可以包含 16 个服务器，这些服务器都运行统一版本的 XenServer 软件，且具有相同的修补程序级别。建立池以后，可以使所有服务器作为单个的管理实体，管理所有资源，并且使用一次认证（用户名和密码），避免多个服务器各自认证带来的麻烦。所有服务器共享网络和存储，统一管理虚拟机存放的位置。

二、创建资源池的硬件要求

创建池或将服务器加入现有池之前，应确保池中的所有服务器满足下面的要求：

（1）XenServer 资源池中的所有服务器必须具有广泛兼容的 CPU，CPU 都来自同一家 CPU 供应商（Intel 或 AMD）且必须具有相同的指令集。如果要运行 HVM 虚拟机，所有 CPU 都必须启用虚拟化功能。

（2）服务器必须具有静态 IP 地址（在服务器本地配置或者使用 DHCP 服务器上的相应配置），此配置同样适用于提供 NFS 或 iSCSI 存储的服务器。

（3）服务器的系统时钟必须与池的主服务器同步。

（4）服务器不能是某个现有资源池的成员。

（5）服务器上不能有任何正运行或挂起的 VM，其 VM 中不能有任何正在执行的操作；必须先关闭所有 VM，然后服务器才能加入池中。

（6）不能为服务器配置任何共享存储。

（7）服务器不能有绑定的管理端口。将服务器加入池之前，需要重新配置该服务器的管理接口并将其移回物理 NIC，然后在服务器成功加入池后立即重新进行配置。

（8）服务器与池中的服务器必须运行相同版本的 XenServer 软件，修补程序级别也必须相同。

（9）为服务器配置的补充软件包必须与池中现有服务器相同。补充软件包用于将附加软件安装到 XenServer 控制域中，建议在池中的所有服务器上安装相同修订版的补充软件包。

（10）服务器必须与池中的现有服务器具有相同的 XenServer 产品许可证版本。

任务实施

满足条件的一个或多个物理服务器可以用资源池进行统一管理，接下来的任务从创建资源池开始。

1. 创建资源池

打开 XenCenter 软件，连接到当前服务器。选择"Pool"菜单，执行"New Pool"命令。结果如图 6-1 所示。

图 6-1　创建池

在"Create New Pool"对话框中，输入池的名称（如 MyPool）、池的描述，选择加入池的成员，然后单击"Create Pool"按钮。创建成功后，可以看到所有服务器已经属于池，如图 6-2 所示。

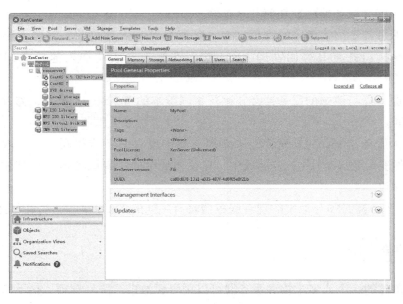

图 6-2　创建后的池结构

2. 查看和修改资源池属性

当资源池创建好之后，可以查看和修改资源池的属性。单击池的名称，右边窗口显示池的属性（Properties），单击"Properties"，可以查看和修改如下属性。

（1）常规（General）属性。

可以修改池的名称、描述、文件夹、标记等属性，如图 6-3 所示。

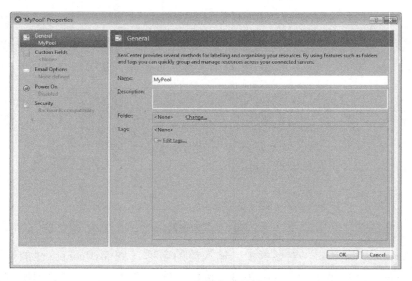

图 6-3　池的常规属性

（2）自定义字段（Custom Fields）属性。

可以使用自定义字段为托管资源池添加信息，方便搜索和组织。例如，可以按物理位置标识所有物理服务器，或者标识所有虚拟机上运行的应用程序，用户就可以用这些自定义的字段对服务器和虚拟机进行组织和搜索，如图 6-4 所示。

图 6-4　池的自定义字段属性

（3）电子邮件选项（Email Options）属性。

可以为池中的任何服务器或虚拟机生成的系统报警配置电子邮件地址。

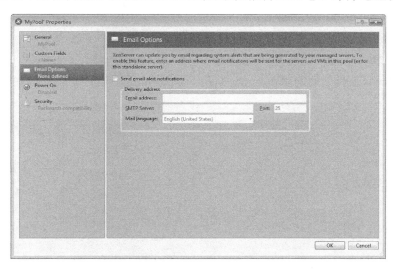

图 6-5　池的电子邮件选项属性

（4）开机（Power On）属性。

可以设置一些特殊型号的服务器的开机模式，为支持电源管理的服务器配置电源管理选项，以实现自动关闭或打开电源。可选的开机模式有：已禁用、局域网唤醒、HP iLO、DRAC 或自定脚本，如图 6-6 所示。对服务器配置开机功能后，可以从 Xen-Center 远程对该服务器进行开机，选择"服务器"→"开机"命令即可。要启用开机功能，物理服务器必须具有以下电源控制解决方案之一：支持局域网唤醒的网卡（WoL）、Dell Remote Access Controller（DRAC）、HP Integrated Lights-Out（iLO）、基于 Xen-API 的自定义开机脚本。

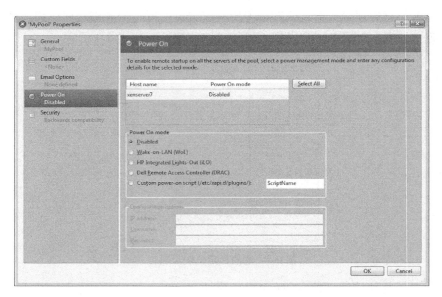

图 6-6　池的开机属性

（5）安全（Security）属性。

可以指定用于与池进行通信的安全协议，可选择"TLS 1.2 only（仅限 TLS 1.2）"或"Backwards compatibility mode（TLS 1.2 and earlier protocols）"［向后兼容模式（TLS 1.2 及早期的版本）］，如图 6-7 所示。

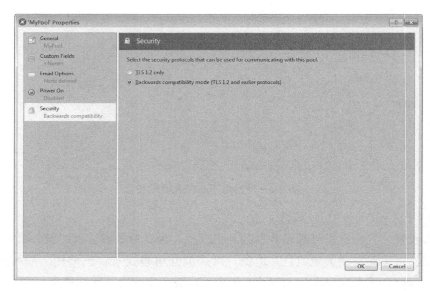

图 6-7　池的安全属性

3. 向资源池中添加服务器

如果企业在后续运行中需要向现有资源池中添加新的 XenServer 物理服务器，可以通过 XenCenter 向池中添加新服务器。添加新服务器之前，要确保新加入的服务器满足前面所述的硬件和软件版本要求。注意：在添加新服务器之前，该服务器上的虚拟机应做好备份。服务器加入池之后，将继承池的网络配置。

　　向资源池中添加服务器的具体操作如下：执行"Pool"→"Add Server"→"Add New Server"命令，弹出"Add New Server"对话框，如图 6-8 所示。输入服务器地址、账号和密码即可。如果池中主服务器已加入某个域，则系统会提示用户为加入池的服务器配置 Active Directory，需要输入所加入域的 AD 凭据。

图 6-8　向池中添加新服务器

　　4. 从资源池中移除服务器

　　如果要将资源池中的某台服务器移除，首先要将本地磁盘上存储的所有数据复制到同一资源池内的共享存储中。移除服务器的操作会导致删除并初始化该服务器上本地存储。具体操作如下：在 XenCenter 中先选中需要移除的物理服务器，再选择"Pool"菜单中"Remove Server"命令，弹出"Remove From Pool"对话框，如图 6-9所示，单击"Yes，Remove"按钮后删除。

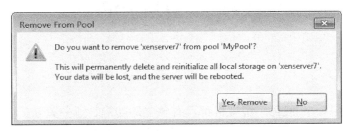

图 6-9　从资源池中移除物理服务器

　　5. 删除资源池

　　当资源池中只有一台托管服务器时，可以删除池。在 XenCenter 视图页面中选择池中的最后一台服务器（主服务器），再选择"Pool"菜单中"Make into standalone server"命令即可。

　　至此，资源池相关操作已经全部结束。池的建立是实现虚拟机高可用性的基础。虚拟机可以在指定的物理服务器或者任何一台有资源的物理服务器上运行。当服务器发生故障时，虚拟机可以自动迁移到可用的物理服务器上运行。

项目实训　创建和修改资源池属性

【实训任务】

创建一个名为"MyPool"的资源池,并且修改资源池属性,增加或删除池的成员,最后删除池本身。

【实训目的】

- 掌握 XenServer 资源池的概念。
- 掌握创建资源池的技能。
- 掌握查看和修改资源池属性的技能。

【实训内容】

(1) 创建一个名为"MyPool"的资源池,将现有服务器加入此资源池中。
(2) 查看池的"常规""自定义字段""Email 选项""开机""安全"属性。
(3) 修改池的名称为"NewPool"。
(4) 设置告警 Email 的地址。
(5) 设置安全通信的协议为"仅限 TLS 1.2"。
(6) 删除已创建的池。

任务 2　管理 vApp

任务陈述

在企业应用中,一般每个虚拟机都具有独立的功能,业务关联的多个虚拟机可以作为一个整体进行管理。例如,企业常用的 AD、DHCP、DNS 和邮件服务器(每个都由单个的虚拟机承担服务角色)可以作为一组常规应用服务组合在一起进行管理。另外,典型的网站都由前端(Web 服务器)和后端(数据库服务器)两个系统构成,也由两个单独但关联的虚拟机承担,这也可以作为统一管理的实体。

本任务描述 vApp 的概念和具体的应用,使读者掌握使用 vApp 管理多个具体企业应用虚拟机的技能。

企业级应用一般分布在不同的虚拟机中，常规的运维，需要关闭或重启物理服务器，或者重启虚拟机（服务器停电、停机维护、服务器安装后重启等）。XenServer 支持按照指定的顺序自动重启各个虚拟机，并且可以设置虚拟机重启的时间间隔。XenServer 的 vApp 是由一个或多个虚拟机组成的，可以作为单一管理实体的单元。vApp 中的虚拟机称为应用（Application）。vApp 还可以整体导出（备份）、导入（恢复），用于搭建和恢复测试或真实应用环境。

典型的 vApp 可以是一个应用网站系统的 Web 服务器及其后台数据库。当该 Web 应用启动时，一般应先启动数据库服务器，再启动 Web 服务器；而关闭此网站系统时，应先关闭 Web 服务器，然后再关闭数据库服务器，否则将导致数据不一致或系统显示故障。

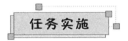

本任务以一组典型的应用为例（两台关联的虚拟机），创建和管理 vApp，以实现整体上对虚拟机的管理。本任务中的 Web 前端服务器由虚拟机 01-OA-WEB 承担，数据库服务器由虚拟机 02-OA-DB 承担。

1. 创建 vApp

先选中服务器或资源池，选择菜单 "Pool" 中的 "Manage vApp" 菜单，弹出管理 vApp 的对话框，如图 6-10 所示。

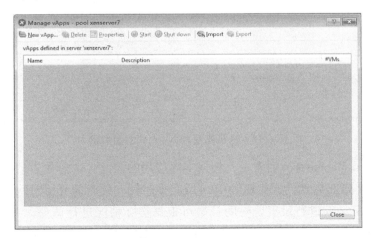

图 6-10　管理 vApp

单击 "New vApp" 菜单，弹出 "New vApp" 对话框，如图 6-11 所示。输入 vApp 的名称和描述后，单击 "Next" 按钮。

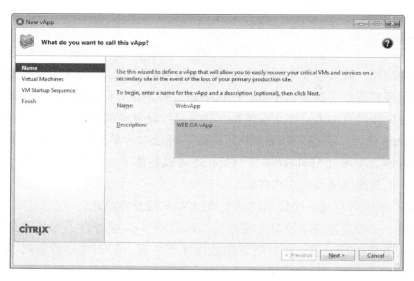

图 6-11　创建 vApp

选择需要加入 vApp 的虚拟机，单击 "Next" 按钮，如图 6-12 所示。

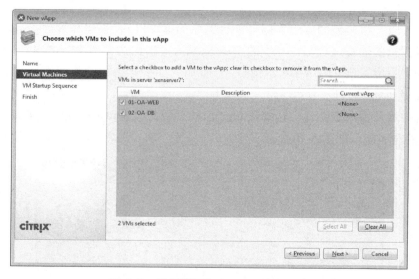

图 6-12　选择需要加入 vApp 的虚拟机

在 "Virtual Machines" 列表中，根据实际应用的需要，选择先启动的虚拟机的顺序为 0，下一个延时启动的虚拟机为 10 s 或其他时间。延时的具体时间根据硬件性能和应用系统的复杂性进行设置，时间长短可根据实际情况进行调整，并不是绝对的，如图 6-13 所示。本例中，设置虚拟机 02-OA-DB 先启动，启动后延时 10 s 再启动 01-OA-WEB 虚拟机，最后单击 "Next" 按钮。

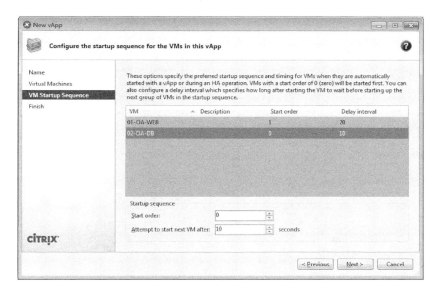

图 6-13　设置 VM 启动顺序

在 "Finish" 中，查看 vApp 的主要信息，单击 "Finish"，如图 6-14 所示。

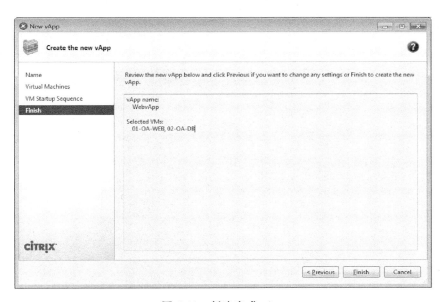

图 6-14　创建完成 vApp

2. 修改 vApp

在 XenCenter 的 "Pool" 菜单中，选择 "Manage vApp" 菜单，选择需要修改的
vApp，如图 6-15 所示。

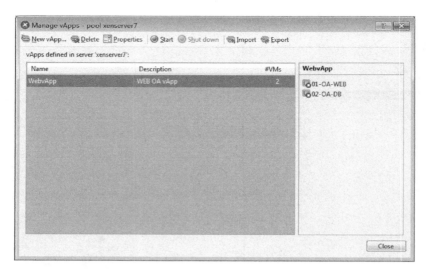

图 6-15 管理 vApp 属性

单击"Properties",弹出修改 vApp 属性的对话框,如图 6-16 所示。在"General"(常规)、"Virtual Machines"(虚拟机)、"VM Startup Sequence"(虚拟机启动顺序)三个界面中,可以修改 vApp 名称、管理的虚拟机、虚拟机启动的顺序和延迟等参数。

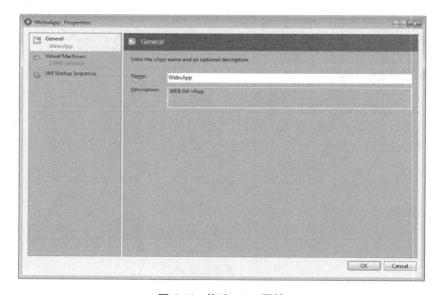

图 6-16 修改 vApp 属性

3. 启动和关闭 vApp

(1)启动 vApp。

在管理 vApp 的界面中,选择要启动的 vApp,单击"Start"按钮,此 vApp 会按照设定的虚拟机的启动顺序依次启动,如图 6-17 所示。

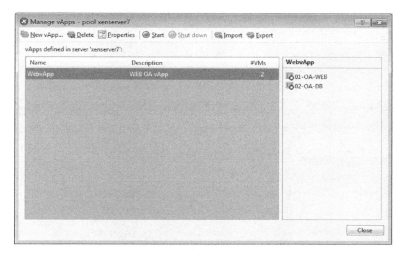

图 6-17　启动 vApp

（2）关闭 vApp。

在管理 vApp 的界面中，选择要关闭的 vApp，单击"Shut down"按钮，此 vApp 中所有虚拟机会按与设定的启动顺序相反的顺序一一关闭，即启动顺序为 0 的虚拟机最后一个关闭。

4. 导出 vApp

配置好的 vApp 可以整体导出，用于备份相互关联的虚拟机组合。当企业有大量的虚拟机要进行管理时，此功能将大大提高管理效率。导出 vApp 的具体操作如下：

（1）在管理 vApp 的界面中，单击"Export"按钮，弹出"Export"对话框，如图 6-18 所示。

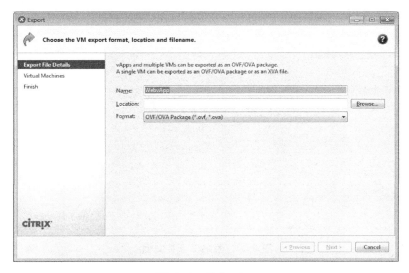

图 6-18　导出 vApp

（2）输入要导出的 vApp 的名称，选择导出的文件位置，并选择格式，默认为 OVF/OVA 格式，然后单击"Next"按钮。

（3）在弹出的窗口中，选中需要导出的虚拟机，单击"Next"按钮，如图 6-19 所示。

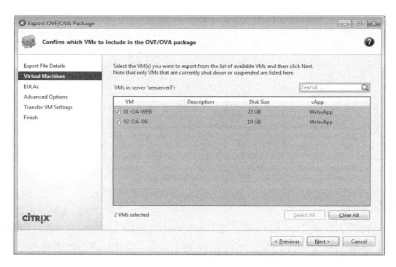

图 6-19　选择"虚拟机"

（4）在弹出的窗口中，如果操作系统包括最终用户许可协议（EULA）文档，则可以单击"Add"按钮，将文件添加进来，然后单击"Next"按钮，如图 6-20 所示。注意：EULA 文件一般为 txt 文本文件，可以通过"View"按钮预览具体内容。

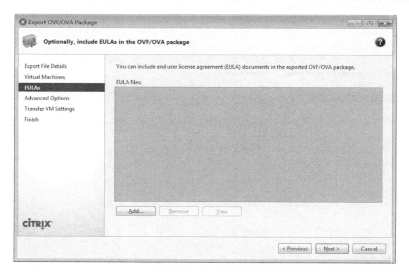

图 6-20　添加 EULA 文档

（5）在弹出的窗口中，根据需要选择"Create a manifest"或"Create OVA package"（创建 OVA 包），也可以选择"Compress OVF files"，如图 6-21 所示。

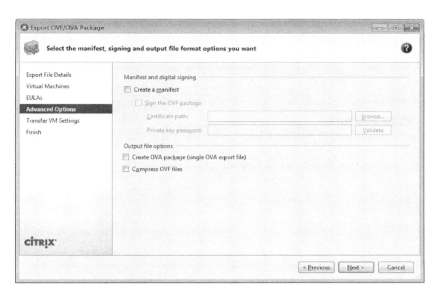

图 6-21　高级选项

（6）在弹出的窗口中，可以设定网卡的 IP 地址活动方式为 DHCP 或手工设定地址，然后单击"Next"按钮，如图 6-22 所示。

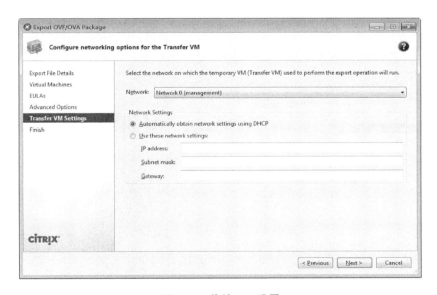

图 6-22　传输 VM 设置

（7）在弹出的窗口中，选中"Verify export on completion"复选框，然后单击"Finish"按钮，即开始导出 vApp，如图 6-23 所示。注意：导出过程耗时较长。

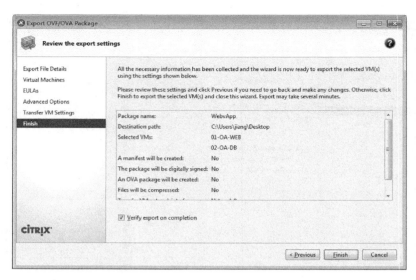

图 6-23　导出完成

5. 导入 vApp

已经导出的 vApp 可以导入新的系统中，或用于恢复虚拟机的配置，具体操作如下：

（1）在管理 vApp 的窗口中选择要导入的 vApp，单击"Import Source"，在弹出的导入界面中，单击"Browse"按钮，选择需要导入的 vApp 名称，然后单击"Next"按钮，如图 6-24 所示。

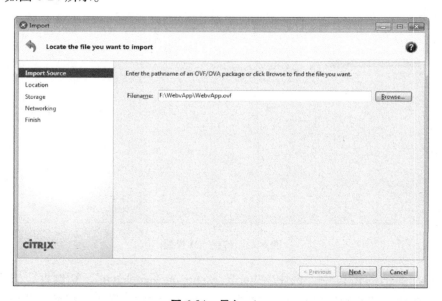

图 6-24　导入 vApp

（2）在弹出的窗口中，选择需要导入的虚拟机存放的池和服务器，然后单击"Next"按钮，如图 6-25 所示。

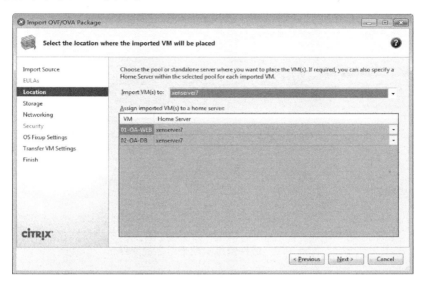

图 6-25　选择存放的池和服务器

（3）在弹出的窗口中，选择存储的位置，如本地磁盘或共享存储，然后单击"Next"按钮，如图 6-26 所示。

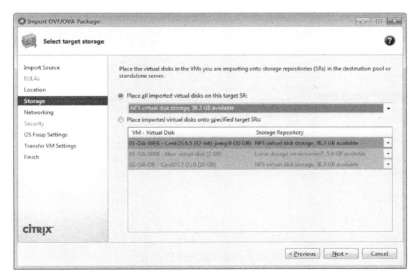

图 6-26　选择存储位置

（4）在弹出的窗口中，选择虚拟机的网卡对应的网络，然后单击"Next"按钮，如图 6-27 所示。

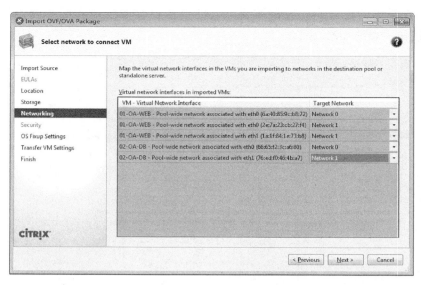

图 6-27　选择虚拟机网卡所在的网络

（5）在弹出的窗口中，选择不使用修复，如图 6-28 所示。如果是其他非 XenServer 创建的虚拟机，则需要使用此功能。

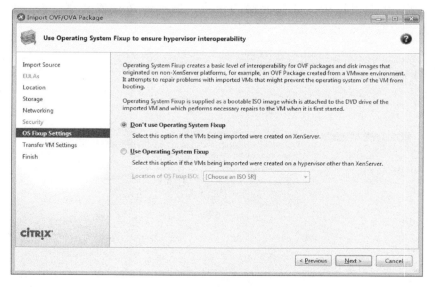

图 6-28　操作系统修复设置

（6）在弹出的窗口中，可以设定网卡的 IP 地址为 DHCP 或指定的 IP 地址，单击 "Next" 按钮，如图 6-29 所示。

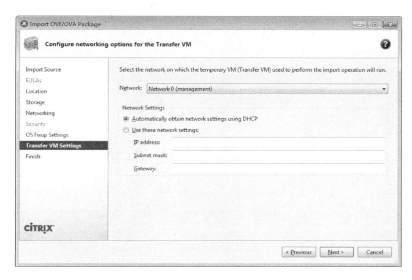

图 6-29　传输 VM 设置

（7）最后，确认所有导入信息无误后，单击"Finish"按钮执行导入操作，如图 6-30 所示。

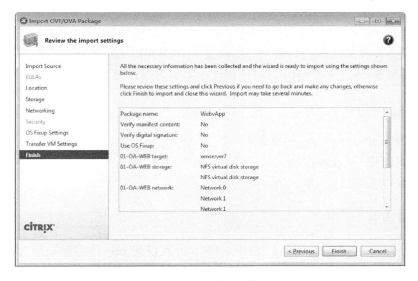

图 6-30　导入完成

6. 删除 vApp

已经存在的 vApp 可以删除，具体操作步骤如下：

（1）在管理 vApp 界面直接删除，选择要删除的 vApp，然后单击"Delete"按钮。

（2）在弹出的删除 vApp 窗口中，单击"Yes"，立即删除 vApp，如图 6-31 所示。注意：删除 vApp 不会删除虚拟机本身。

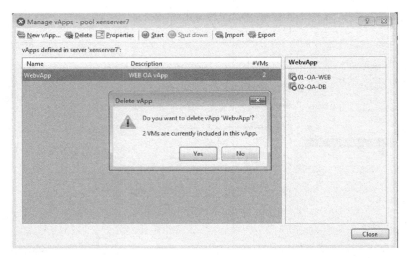

图 6-31   删除 vApp

项目实训   创建和使用 vApp

【实训任务】

创建两台业务关联的虚拟机，分别代表 PHP WEB 网站和 MySql 数据库，虚拟机名称为 vm1-phpweb，vm2-mysql。以这两台虚拟机为操作对象，创建并使用 vApp。

【实训目的】

- 掌握 XenServer vApp 的概念。
- 掌握创建 vApp 的技能。
- 掌握查看和修改 vApp 的技能。

【实训内容】

（1）创建一个 vApp，包含上述两台 VM，并且设置 vm1 的启动顺序为 1，vm2 的启动顺序为 2，启动延迟为 10 s。

（2）修改此 vApp 属性，把名称改为 vapp-web，vm1 的启动顺序为 2，vm2 的启动顺序为 1，启动延迟为 20 s。

（3）启动此 vApp，并查看结果。

（4）查看 vApp 导出功能，说明导出支持的文件格式。

（5）查看 vApp 导入功能，说明导入支持的文件格式。

（6）删除此 vApp。

（7）删除所有虚拟机池。

任务 3　XenServer 快照计划

在单元 5 中，我们掌握了创建和使用虚拟机快照的技能，但之前的操作都是基于手工创建的。在企业级应用中，可以基于池或服务器实现多个虚拟机自动保护和恢复功能，这项功能称为虚拟机快照计划（VM Snapshot Schedules）。本任务将带领大家了解什么是虚拟机快照计划，并帮助大家掌握使用虚拟机快照计划进行系统的备份和还原维护。

虚拟机快照计划提供了一个对关键的虚拟机进行自动备份和还原的功能。配置虚拟机快照计划后，系统将自动生成定期的快照计划，可以用来还原相应的虚拟机。虚拟机快照计划依托池级别的虚拟机保护策略而运行，这些策略定义池中选定的虚拟机快照计划，启用策略后，将在每小时、每天或每周预订的时间生成指定的虚拟机快照。如果进行了相应的配置，这些快照还可以自动存档到远程 CIFS 或 NFS 共享位置，从而使安全性得到提升。

在一个池中，可以启动多个虚拟机快照计划的策略，这些策略可以覆盖不同的虚拟机，但是每个虚拟机只能属于一个快照计划。

任务实施

本任务将带领大家完成创建虚拟机快照计划、管理和修改虚拟机快照计划、使用快照计划还原虚拟机三个子任务，以实现虚拟机的备份和保护策略。

1. 创建虚拟机快照计划

创建虚拟机快照计划的具体操作如下：

（1）选中 XenCenter "Pool" 菜单中的 "VM Snapshot Schedules"，弹出 "Snapshot Schedules" 窗口，如图 6-32 所示，单击 "New" 按钮。

（2）在打开的窗口中，输入需要建立的快照计划的名称和描述，如图 6-33 所示，然后单击 "Next" 按钮。

（3）在弹出的窗口中，选择需要建立快照计划的虚拟机，然后单击 "Next" 按钮，如图 6-34 所示。

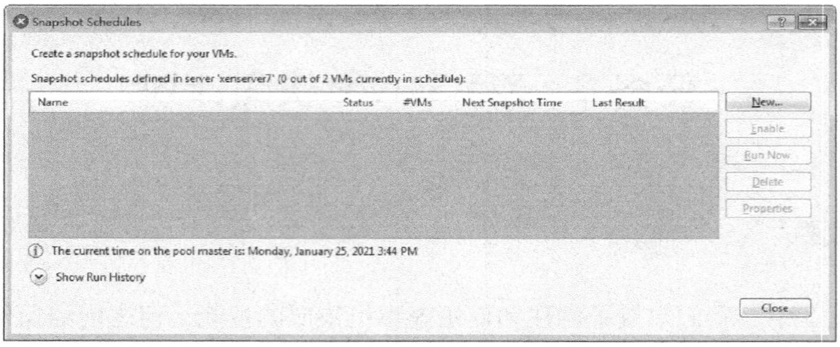

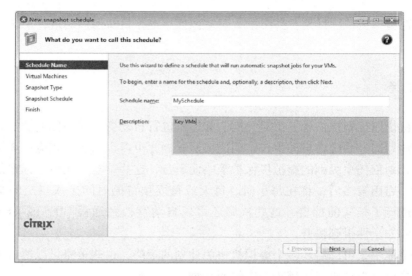

图 6-32　"Snapshot Schedules" 窗口

图 6-33　输入计划名称和描述

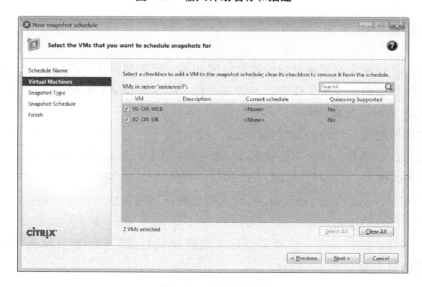

图 6-34　选择虚拟机

（4）在打开的窗口中，选择快照的类型，如图 6-35 所示，然后单击 "Next"
按钮。

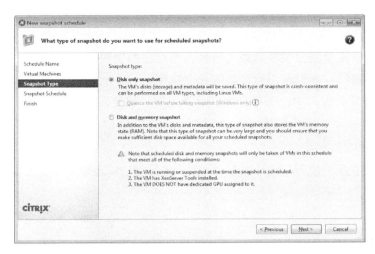

图 6-35　选择快照类型

快照计划支持两类快照类型：

① 仅磁盘快照：仅保存虚拟机的磁盘存储，支持所有虚拟机类型，包括 Linux 虚
拟机。

② 磁盘和内存快照：除了磁盘存储外，也能保存当前运行的内存状态，这个类
型将会消耗较大的磁盘空间。

（5）在打开的窗口中，设置计划的具体策略，可以选择按时快照、按天快照、
按周快照，单击 "Next" 按钮，如图 6-36 所示。

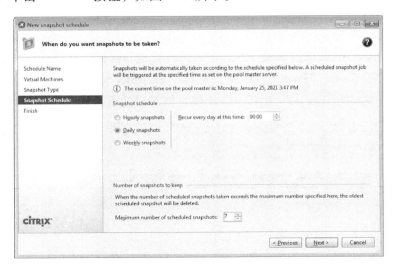

图 6-36　选择快照计划的具体策略

XenServer 支持以下三种时间计划：

① 按时快照：设置在每小时的某个时间点（时、分）实施快照备份。

② 按天快照：设置在每天的某个时间点（时、分）实施快照备份。

③ 按周快照：设置每周的一天或任何一天中的某个时间点（时、分）实施快照备份。

另外，可以设置保存快照的最大数量，当存在的快照数量超过设置的数量时，最旧的快照将被删除，以保留当前最新的几个快照。

（6）在打开的窗口中，查看当前的计划配置，确定后单击"Finish"按钮。可以勾选"Run the new snapshot schedule job when I click Finish"复选框，以直接运行当前的计划，如图 6-37 所示。

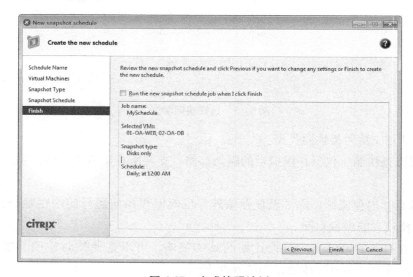

图 6-37　完成快照计划

2. 管理和修改虚拟机快照计划

对已经创建好的虚拟机快照计划，可以进行管理和修改，具体操作如下：

（1）在 XenCenter "Pool"菜单中，选择"Snapshot Schedules"菜单，在弹出的对话框中，单击"Properties"按钮，弹出属性修改对话框，如图 6-38 所示。

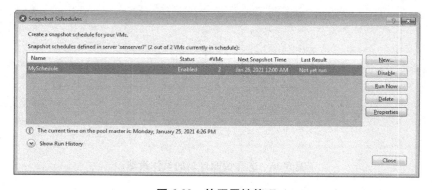

图 6-38　快照属性管理

（2）在属性对话框的选项中，可以在"常规"界面中，修改快照计划的名称和描述；在"自定义字段"界面中，修改自定义字段；在"虚拟机"选项中，选择修改需要进行生成快照的虚拟机；在"快照类型"选项中，选择生成的快照的类型；在"快照计划"选项中，修改快照生成的周期（按小时、天、周），并修改保留快照的最大数量值。

3. 使用快照计划还原虚拟机

当快照计划运行一段时间后（创建时也可立即运行一次），会自动按设置的周期生成相关的虚拟机快照。按计划自动生成的快照可以用于还原出问题的虚拟机，根据系统需要，选择合适的、已经存在的虚拟机快照来进行虚拟机还原。

查看被选中加入快照计划的虚拟机，打开"Snapshots"属性页，执行"View"→"Scheduled Snapshots"命令，可以看到当前已经自动生成的快照，如图 6-39 所示。

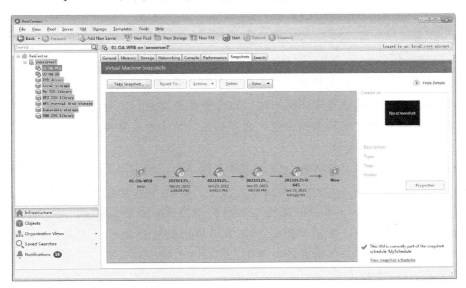

图 6-39　快照计划生成的快照

根据还原或需要恢复的时间点，选择合适的快照，进行恢复（还原），如图 6-40所示。

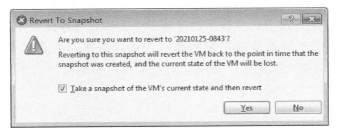

图 6-40　使用快照恢复虚拟机

4. 删除快照计划

可以在 XenCenter 的快照计划管理菜单中删除创建好的快照计划：打开"Pool"菜单中的"VM Snapshot Schedule"（VM 快照计划），单击"Delete"按钮，确认后可以删除选中的计划，如图 6-41 所示。

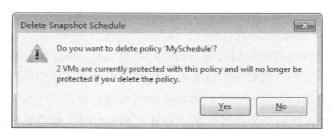

图 6-41　删除快照计划

在企业级应用中，数据是企业的生命。不管企业的规模如何，异常停电、病毒感染、自然灾害、人为破坏等原因都可能导致企业服务器运行出现问题，甚至造成系统瘫痪。对数据安全性要求较高的企业，有专职人员负责所有数据的备份。

1. XenServer 系统备份

虚拟机的备份可以通过将磁盘安装在共享存储中，使用手工快照、快照计划等方式进行备份和还原。在 XenServer 系统中，备份主要有 XenServer 服务器本身的备份和虚拟机的备份。XenServer 本身的备份主要有两种方式：备份元数据和完整备份。可以在服务器管理界面中，使用"备份"菜单对单个服务器进行手工备份，将服务器备份到其他存储介质上。备份好的服务器，可以在关键时刻还原。

2. XenServer 灾难恢复

对企业来说，灾难恢复是非常重要的问题，因为一旦数据出现意外，可能给企业带来严重的后果。企业必须保证其数据和服务在发生变化或意外时仍然具有可用性。当发生被禁用或灾难性硬件故障时，思杰公司的灾难恢复（Disaster Recovery，DR）方案允许从整个池中恢复虚拟机和 vApp。XenServer DR 将恢复业务所需要的关键虚拟机和 vApp 的所有信息保存到存储库中，然后将存储库中的这些信息复制到备份环境中。当主站点或池出现故障时，可以从复制的存储中恢复虚拟机和 vApp，并在辅助站点上重建生产环境，从而最大限度地减少对应用程序或数据造成的损失。

项目实训   快照计划的创建和使用

【实训任务】

使用 XenCenter 的虚拟机快照计划管理功能，建立快照计划，并查看快照计划执行情况，然后使用生成的快照还原相应的虚拟机。

【实训目的】

- 理解虚拟机快照计划的原理。
- 掌握建立和修改虚拟机快照计划的操作技能。
- 掌握验证虚拟机快照计划的方法。
- 掌握使用虚拟机快照还原虚拟机的操作技能。

【实训内容】

（1）使用 XenCenter 新建一项快照计划。

（2）设置此快照计划选择池中两台虚拟机，快照类型为"仅磁盘快照"，按照每小时的第 0 分钟自动执行快照，保留最大快照数量为 10 个。

（3）查看快照计划自动执行情况，并查看虚拟机生成的快照。

（4）使用已经生成的虚拟机快照，还原虚拟机。

单元·小·结

资源池是 XenServer 企业级服务器虚拟化的重要功能，池可以使管理者用统一的管理机制管理多个符合条件的物理服务器。池的相关功能不但能使管理简便，而且可以使用 vApp、快照计划等满足企业的应用需求。其中，vApp 作为典型的应用组合，能够使相关联的虚拟机按顺序和设定的延时启动或关闭，以方便维护虚拟机；快照计划能够按照设定的时间周期和选定的虚拟机，自动生成虚拟机的快照，以实现对虚拟机的保护和备份，便于在虚拟机发生故障时及时还原和恢复数据。

单元练习题

一、选择题

1. XenServer 资源池最多可以加入多少个服务器？（　　）

A. 4 　　　　　　B. 8 　　　　　　C. 16 　　　　　　D. 32

2. 下列关于 XenServer 资源池的成员的说法正确的是（　　）。

A. 只能有一个主服务器

B. 只能有一个从服务器

C. 其他成员不能升级为主服务器

D. 从服务器管理共享存储

3. 新加入池的服务器不能获得的共享配置是（　　）。

A. 虚拟机配置　　　　　　　　　　B. 存储配置

C. 网络配置　　　　　　　　　　　D. 自定义模板

4. 关于池中的 SR，下列说法正确的是（　　）。

A. 从服务器的共享 SR 将成为池的共享 SR

B. 主服务器的本地硬盘将成为池的共享 SR

C. 主服务器的共享 SR 将成为池的共享 SR

D. 从服务器的本地硬盘将成为池的共享 SR

5. 要删除池，先要进行的操作是（　　）。

A. 删除池中其他托管服务器，只保留主服务器

B. 先删除主服务器

C. 先删除共享存储

D. 先删除共享网络

6. 在没有配置 vApp 时，XenServer 中的虚拟机的启动顺序是（　　）。

A. 随机启动　　　　　　　　　　　B. 按类型顺序启动

C. 按内存大小启动　　　　　　　　D. 不可以启动

7. vApp 可以关联的虚拟机个数是（　　）。

A. 1 个　　　　　　B. 2 个　　　　　　C. 3 个　　　　　　D. 若干个

8. 典型的 Web 应用中，数据库虚拟机和 Web 前端虚拟机的启动顺序是（　　）。

A. 先启动 Web 前端虚拟机　　　　　B. 随机启动

C. 先启动数据库虚拟机　　　　　　D. 同时启动

9. vApp 中虚拟机关闭的顺序是（　　）。

A. 数字大的先关闭　　　　　　　　B. 数字小的先关闭

C. 随机　　　　　　　　　　　　　D. 时间间隔小的先关闭

10. 导出 vApp 的主要作用是（　　　）。

A. 保护单个的虚拟机

B. 维护虚拟机的快照

C. 备份后，易于搭建和恢复完整的系统环境

D. 维护数据库的完整性

11. 虚拟机快照计划可以生成的快照种类有（　　　）。

A. 仅磁盘快照

B. 仅内存快照

C. 仅磁盘快照、磁盘和内存快照

D. 系统快照

12. 当计划生成的快照数量超过设置的最大计划数时，（　　　）。

A. 快照停止生成　　　　　　　　　B. 删除最早的快照

C. 覆盖最新的快照　　　　　　　　D. 继续生成新的快照

二、简答题

1. 简述 XenServer 池的用途。

2. 简述服务器加入池的前提条件。

3. 举例说明 vApp 的典型应用场景。

4. 虚拟机快照计划的主要用途是什么？具体如何实现？